让你受益一生的老话

品墨／编著

中国商业出版社

图书在版编目(CIP)数据

老人言：让你受益一生的老话 / 品墨编著. -- 北京：中国商业出版社，2021.1(2023.3 重印)
ISBN 978-7-5208-1416-4

Ⅰ. ①老… Ⅱ. ①品… Ⅲ. ①人生哲学-通俗读物
Ⅳ. ①B821-49

中国版本图书馆 CIP 数据核字(2020)第 240281 号

责任编辑：石胜利
策划编辑：王　彦

中国商业出版社出版发行
（www.zgsycb.com　100053　北京广安门内报国寺 1 号）
总编室：010-63180647　编辑室：010-63033100
发行部：010-83120835/8286
新华书店经销
三河市众誉天成印务有限公司印刷
*
880 毫米×1230 毫米　32 开　8 印张　160 千字
2021 年 1 月第 1 版　2023 年 3 月第 2 次印刷
定价：42.00 元
* * * * *
（如有印装质量问题可更换）

前言

每一位长者，都是一座人生的富矿。年轻人缺乏的东西，他们都已拥有，如经验、阅历、知识等。人受经验、阅历、知识以及时事等的限制，有时很容易囿于某种情绪而做出蠢事、错事。例如，为失败的恋情自杀，为不属于自己的钱财毁名，为无谓的义气丧身，等等。这时如果能得到长者的帮助，可能会让你少走弯路、错路。长者能以过来人的智慧，洞悉世事，以他们达观的人生境界来化解你的偏执。人生有很多关键的地方，你身在庐山之中，不识庐山真面目，难以参透其中的奥妙，长者点拨你一下，你便可能茅塞顿开，闯过激流险滩。

很多时候，时间本身就是资本。经历的事多，走过的路多，也就相当于在这个世界经受过的历练多，对这个世界的认识就更深刻。

本书收集了流传千年之久的老人言，这些老人言堪称“不立文字的经典”，句句散发着泥土的芬芳，散发着自然的清新气息。因为它们从生活中来，经历了时间的洗礼，可谓最纯粹的智慧。长者看事看到本质，看人看到骨子里，不听老人言，吃亏在眼前；听长者的话，人生可以少走弯路或不走弯路，使你尽快地获得成功。用心体会老人言，我们就能够从中汲取营养和智慧，发现生活的真谛，感受生活的意义。

世间的道理，最平实的即是最伟大的，最伟大的也必然是最平实的。这些老人言好比陈年佳酿，历久弥新，相信能为人们在修身养性、为人处世方面提供有益的借鉴和启示。

2020 年 11 月

目录
contents

第五辑 | 谷要自长，人要自强

第六辑 | 好茶不怕细品，好事不怕细论

人靠自修，树靠人修

良药苦口利于病，忠言逆耳利于行

“良药苦口利于病，忠言逆耳利于行”，这句老人言是说良药多数是带苦味的，但却有利于治病；而教人从善的话语多数是不太好听的，但有利于人们改正缺点。这句话旨在教育人们要勇于接受批评。

一个人有了过错并不可怕，只要能够及时改正就无大碍，可怕的是讳疾忌医，不愿意接受别人的批评意见，从而由小错到大错，由大错到不可救药。

历史上，凡是成就突出的人，大都勇于接受批评。他们从善如流，所以能够汲取众人的智慧，避免自己的失误，从而成就自己的事业。

受到智者的批评是一件幸事。要知道，批评一个人是需要很大勇气、冒很大风险的。谁都知道“多栽花，少栽刺”的道理。一般而言，人们都喜欢听好话，而不愿意听批评意见，有些人还会错误地对待批评，甚至把提批评意见的人当成仇人。其实，智者一般只对值得批评的人提出批评意见，而对不值得批评的人根本不会去说他，以免冒被人仇视的风险。春秋战国时期墨子和他的弟子耕柱之间的一则故事，就很值得一读。

耕柱是一代宗师墨子的得意门生，不过，他总是被墨子责骂。有一次，墨子又责备了耕柱。耕柱觉得自己非常委屈，因为在墨子的众多门生之中，他被公认为是最优秀的，却偏偏常遭墨子的批评，这让他觉得很没有面子。

一天，耕柱愤愤不平地问墨子："老师，难道在这么多门生中，我是最差劲的吗？以至于时常遭您老人家责骂？"

墨子听后反问道："假设我现在要上太行山，依你之见，我应该用良马来拉车，还是用老牛来拖车？"

耕柱回答说："再笨的人也知道要用良马来拉车。"

墨子又问："那么，为什么不用老牛呢？"

耕柱回答说："理由非常简单，因为良马足以担当重任，值得驱遣。"

墨子说："你答得一点也没有错。我之所以时常责骂你，也是因为你能够担负重任，值得我一再教导与匡正。"

听了墨子这番话，耕柱立刻明白了老师的良苦用心，从此再也不以遭受批评为耻，而是更加努力，终于成为墨子的继承人。

汉高祖刘邦的个人能力并不是太强，但他有一个突出的优点，就是能够听取别人的批评意见，而不像西楚霸王项羽那样刚愎自用、唯我独尊。《孝经·谏诤章第十五》曰："昔者天子有诤臣三人，虽无道不失其天下。诸侯有诤臣三人，虽无道不失其国。

大夫有诤臣三人，虽无道不失其家。”“诤臣”就是敢于提出批评意见的人。

秦朝末年，刘邦率军攻入咸阳，推翻了秦朝的统治。刘邦进入秦宫后，见宫殿高大雄伟，美女、珠宝不计其数，便想全部据为己有。大将樊哙劝刘邦最好不要这样做，刘邦很不高兴。谋士张良对刘邦说：“秦王之所以不得人心，失去天下，原因就在于他穷奢极欲。现在您刚入秦宫就想像秦王那样享乐，岂不坏了大事？樊哙的话可是忠言啊！忠言逆耳利于行，良药苦口利于病，您还是听樊哙的劝告吧！”

刘邦听了，深有感触，立即采纳了樊哙的意见。接着，刘邦又传令废除秦朝苛法，还约法三章：“杀人者死，伤人及盗抵罪。”刘邦不仅分毫未动秦宫的财宝，而且撤守灞上，因此深得秦人的拥护。

刘邦之所以能够以弱胜强战胜项羽并取得天下，其中一个很重要的原因就是他虚怀若谷，能诚心接受别人的批评意见，改正自己的错误。这正是个体和组织得以健康成长的重要品德。这种知错必改的优秀品德，值得我们学习和借鉴。

三国时期的诸葛亮一直是人们崇拜的偶像，他之所以被誉为千古名相，除了他的个人才华之外，还离不开他虚心接受别人批评和建议的胸怀。

诸葛亮是个恪尽职守的人，据说有一次他辛辛苦苦地趴在案前，亲自核对登记册和账本。主簿杨颙知道了这件事后，径直闯进丞相府，对诸葛亮说："治理国家都有一定的规则和秩序，这个程序一定要遵守，不能紊乱；上下的职务、职责，也不能相互侵犯，否则就会乱套。请允许我用治家的小事来为您打个比方吧。"

"有一个财主起初治家有方，给奴仆派活井然有序，男人去耕田种地，女人去洗衣烧饭，狗留在家里看门，鸡主管报时，牛出力耕地，马奔驰长途。这就叫各尽所能、各司其职。主人只需负责检查，抓好统筹就可以了。

"可是有一天，这位财主心血来潮，突发奇想，他不再派别人干活，而是亲自去干那些琐碎的事情，结果累得他头昏眼花，身心疲惫，最后什么事也没有干成，更别提干好了。为什么呢？是这个财主的智慧不如奴仆吗？当然不是。问题在于他忘记了管理的精髓。古人讲得很明白：'安坐下来，议论治国大道的是王公；行动起来，执行政务的是士大夫。'

"如今丞相治理国务，万事缠身，可您竟然亲自低着头、弯着腰来核查登记本和账单之类的事情，这不是太劳累辛苦而又没有必要吗？"

杨主簿一番坦率诚恳的劝告，使诸葛亮很受启发。他马上向杨主簿认了错，并做了自我批评。

诸葛亮身为一国丞相，却能够虚心听取正确意见，坦率地承认自己的错误，这种品德值得我们后人学习。

人靠自修，树靠人修

内因决定外因，内因是关键因素。对一个人的成长来说，教育培养必不可少，但主要还是靠自身努力，正如有句老人言说得好：人靠自修，树靠人修。

一个人就像一棵树一样，想要成长成材、开花结果，就要修正、修剪。但一个人又和一棵树不一样，材木要靠人修剪，而人却要靠自己“修理”自己。不会自己修理自己的人，永远也成不了材。一个人想要成功，需要的因素太多，必须要靠自己长期的努力去实现，别人就算有再大的本事，也无法把全部的本事都教给你，必须要“我的地盘我做主”；再者，每个人都有自己的幸福去追求，没有任何一个人有义务帮我们成功。所以，我们必须得靠自己修炼自己，自己提高自己。

果园里的一棵果树，要靠园丁修剪才能健康生长。而园丁就只能是我们自己。一棵树一年修剪一次足矣，而我们人每天都要修剪，谁能帮得了我们？一个没有主动修炼意识的人，别人是爱莫能助的。这也就是为什么很多受过良好教育的人，人生最终达到的高度却很低的原因。

古今中外，历史上任何一个伟大人物，莫不是靠自修。美国伟大的政治家富兰克林，年轻时也曾是一个浪荡子弟，但忽然有一天他发现了自己的错误并决心改过自新。他在纸条上列出了自己的 13 项缺陷，每过一段时间改掉一项，最终富兰克林成为受人敬仰的伟大政治家。俄国大作家托尔斯泰年轻时也曾散漫过，30 多岁时忽然醒悟，在以后漫长的岁月里不断自修，写出的作品成为宝贵的文学遗产。

宁做蚂蚁腿，不学麻雀嘴

有句老人言说得好：宁做蚂蚁腿，不学麻雀嘴。

说比做容易，看一篇文章比写一篇文章容易。说，只会产生“理论性”的力量；做，才会产生实际效益。一切事情如果不落实到行动上，那问题永远解决不了。要想获得成功，就要时刻记住这句老人言：宁做蚂蚁腿，不学麻雀嘴。

生活中我们经常可以看到这样一群人，他们说起来头头是道，灿烂无比，但做起来却一塌糊涂，毫无成效。这就是语言的巨人、行动的矮子。麻雀整天叽叽喳喳，但它只能从一个树枝飞到另一个树枝，吃饱了没事干叫唤。蚂蚁默默无闻，却永远在往洞里搬东西——据说蚂蚁是能够以自身体重搬起最大重量的动物。

我们要向蚂蚁学习，不能学麻雀。人类因梦想而伟大，但需要迈开行动的步伐才有意义。梦想不付诸实践，只是梦，实质上和一无所有是没有什么区别的。

有人说，张良就是靠嘴皮子功夫而名垂青史的。但是，“运筹于帷幄之间，决胜于千里之外”本身就是一种思维实践，不是每个人都能做到的。说话本身也是一种活动，关键是你说的话要有价值。“理论”本身也是威力无穷的，提出理论的过程就是一种实践。张良从来没有说“我要运筹于帷幄之间，决胜于千里之外”，而是他在说话的过程中已经达到了这样一种境界。让我们来看看另一位伟大的政论家苏秦在“说话”之前都做了些什么。

战国时期，苏秦是一位有名的政论家，靠着一张嘴，在战乱的年代一时风光无两。事实上，在他年轻时，由于学问不深，到好多地方都不被重用。回家后，家人对他也很冷漠。这对他刺激很大，于是他决心发奋读书。他把自己积存的几十箱书全找出来，精心挑选，反复诵读，细心揣摩，经常读到深夜。有时读着读着就趴在书案上睡着了。每次醒来，看见时间已经过去了很久，他便痛骂自己无用，可是一时又找不到有效的办法防止自己打瞌睡。

有一次，他读着读着又开始犯困了，便不由自主地趴在了书案上。书案上放着的一把锥子刺痛了他的手臂，他一下子清醒过来。他看着锥子，忽然想出一个防止自己打瞌睡的办法：用锥子扎自己的大腿。之后，每当倦意袭来的时候，他就拿起锥子，朝自己的大腿上狠扎几下，常常扎得鲜血淋淋，血沿着腿一直流到地上。他的家人见了，于心不忍，就规劝他说：“你为什么非要这样折磨自己呢？”他回答说：“我就是想用这种办法让自己好好读书，学有所成后干一番大事业！”

后来，苏秦终于得到了六国君主的重用，佩挂六国相印，开始了辉煌的政治生涯。

苏秦在“说话”之前，早已像蚂蚁一样经历了艰苦卓绝的学习实践。口才本身也是一种能力，但获得好口才需要大量的付出。我们要像蚂蚁一样实实在在地做事，世间任何事情，不落实到实处，都不会产生结果，脚踏实地才有力量。

水退石头在，好人说不坏

河里有一块石头，当发大水的时候，也许看不见它了，但洪水总有退去的一天，当洪水退去的时候，石头还是那块石头。生活中，当谣言袭来的时候，我们很受伤，但随着时间的流逝，我们是什么人别人终会明白。当然，这是一个考验自己的过程，但熬过之后，我们会发现，我们成熟了，更有定力、更有信心了。

当水落石出后，一切都恢复了本来的面貌。水退石头在，好人说不坏。这句老人言告诉我们，不要诽谤别人，让我们对别人存一份敬畏，对自己保有一份自尊。当我们诬陷别人的时候，其实是在搬起石头砸自己的脚，谎言终有一天会被揭穿。

法国作家罗曼·罗兰曾说：你可以在任何时候骗得了某个人，也可以在某个时候骗得了任何人，但你不能在任何时候骗得了任何人。这也许是对这句老人言的最好注解。让我们对自己多一份定力——水终究会退去，只要我们心中有块美丽的石头，它终究会让我们的生命变得庄重。

晋灵公生性残暴，执政后骄奢淫逸，滥杀无辜。相国、中军元帅赵盾多次劝说未果，反而被晋灵公视为眼中钉、肉中刺，必欲除之而后快。

于是，晋灵公与大夫屠岸贾派人行刺赵盾。刺客趁着夜色偷偷溜进相府，见赵盾晚睡早起，忠心勤政，十分感动，就告诉赵盾说有人要害他，之后便撞树而死。

晋灵公一看没能除掉赵盾，就又与屠岸贾训练了一只凶猛的狼犬，假意召赵盾进宫喝酒，乘机放狼犬扑杀赵盾。就在这危难时刻，赵盾的卫士提弥明挺身而出，杀死了狼犬。晋灵公看这个计策也失败，恼羞成怒，下令埋伏在两旁的刀斧手扑杀赵盾。提弥明护着赵盾，且战且退，但终因寡不敌众，血溅宫廷。这时幸亏有一位受过赵盾救命之恩的武士灵辄舍身保护，赵盾才逃出虎口。到了宫外，恰逢其子闻讯率家丁前来接应，父子俩不敢再回相府，急忙出了西门，准备亡命国外。途中遇见打猎回来的族弟赵穿，问明缘由后，赵穿劝他不要离开晋国，应从长计议。于是，赵盾父子暂时避居河东。

赵穿回城后，用计谋取得晋灵公的信任，又以搜罗天下美女为名，把佞臣屠岸贾支使到外地去。后来，他便趁晋灵公在桃园喝酒游乐时，指挥亲信把晋灵公杀了。赵穿随即把赵盾迎回国都。

晋灵公暴虐无道，对于他的死，举国上下无不拍手称快。但赵盾总觉得，谋杀国君的名声对于世代忠良的赵氏家族实在不好听。

一天，他召来太史董狐，让董狐把记载国家大事的史简拿给他看，只见上面写着：乙丑（公元前 607 年）秋七月，赵盾在桃园谋害国君夷皋。赵盾大吃一惊，辩白道："太史，你搞错了吧！谁不知道国君不是我杀的，当时我正逃亡在外，国君的死怎么能归罪在我身上呢？"

这时董狐义正词严地说："你身为国相，掌管国家里里外外的大事，虽说你当时没在朝廷，却仍然在国境内；而且你回来重掌朝政后也没有追究赵穿杀害国君的责任，那这件事是不是与你有关系呢？事情就是这样的，我作为一个史官应该忠于事实。"

赵盾也算懂礼，没有加害董狐。董狐尊重事实的做法在历史上留下了美名。

我们且不说赵盾和赵穿联合起来把昏庸无道的国君除掉对不对，但事实就是事实，整个事件的本来面目就是如此，应该尊重。"水退石头在，好人说不坏"，当历史的潮水退去之后，赵盾是好是坏自有后人评说，但董狐实事求是的精神值得称道。赵盾这个人是好是坏我们每个人都有自己的标准，但他尊重事实的气度令人钦佩。

其实，历史上很多是非功过当时都不确定，事实都摆在那里。好人自好，坏人自坏。正如罗贯中在《三国演义》中所言：滚滚长江东逝水，浪花淘尽英雄，是非成败转头空，青山依旧在，几度夕阳红。

宁给君子提鞋，不和小人同财

人是环境的动物，你总是和成功的人在一起，你也有可能成功。但如果你整天和三个打麻将的人在一起，你想想，当三缺一的时候，那第四个人会是谁？所以有句老人言说得好：宁给君子提鞋，不和小人同财。

环境对人的影响是巨大的。孟子之所以成为圣人，“孟母三迁”居功至伟，你也可能会慢慢被朋友影响。所以，我们要选择一个有利于自己成长的环境。“宁给君子提鞋，不和小人同财”这句老人言也告诉我们，必要的时候我们要舍弃一些既得利益，去选择有利于自己成长的环境。虽然这在表面上看是吃亏了，但从长远看、从全局看，却利大于弊。给人提鞋，当然是一件不好的事，但结果是你会成为一个君子；和小人同财，“同财”这件事当时看起来很滋润，但你最终会变得一无所有。

这对刚毕业的大学生择业有一定的指导意义。年轻人择业，看重待遇当然没有错，但更应该看重成长的空间和人生境界的提高。如果一个单位有一群志同道合的朋友和师长，就算当时待遇差一些，建议你也义无反顾地“跳进去”，这样当你十年后再回过头来看时，会觉得你当年的一跳是一道美丽的弧线。而对于那些不正当的行业和工作环境，你是万万碰不得的，即使当时能赚到更多的钱，但最后可能会赔进去你的一生。

唐代有个书童，名叫李敬，他侍奉的书生是夏侯孜。当时，夏侯孜时运不济，多遭坎坷，每每考试，总不能金榜题名。不仅如此，他做事情的时候，总会遇到很多麻烦，比如拜师会吃闭门羹、出远门会丢盘缠等。人们私下里将他称为“不出息的秀才”。李敬勤勤恳恳给他当书童，千里奔走，侍奉左右，时常会遭受饥寒之苦。

李敬的几个同伴都说：“你看你现在过着什么日子，当今的文臣贵士，出入朝廷，锦衣华服，出则为官为使，高车大马，跟着他们，我们也可以打秋风吃贿赂，你这样寒碜，不如另投明主。”

李敬笑着说：“我家公子勤敏好学，温良敦厚，以后发达了还要做大官呢！”

朋友们听了，说：“那你就跟着这个破落公子吧。”说完一阵大笑。

当时，夏侯孜在隔壁屋子听到这番谈话，深受感动，他想：就凭我这个小跟随的信任，我也要奋发用功，登榜及第，以后干出一番事业。

经过十多年的苦读，夏侯孜终于金榜题名，高中后成为朝廷要员。他出任成都节度使时，很多人想追随他，他一概没有答应。到了成都入府上任后，他第一件事就是任命李敬为都知禀报，将很多事情交由李敬主管，李敬成了他的左膀右臂。这时，当年嘲笑李敬的那些同伴都对他敬服了。好事还在后头，唐宣宗时，夏侯孜又一次获得高升，从兵部侍郎高升为宰相，一人之下，万人之上。李敬更加受到重用，显赫一时。

十几年跟着一个落魄书生，确实苦不堪言，但李敬认定夏侯孜是一个君子，所以他宁愿苦些累些也不放弃，最终修成正果。跟着一个君子，你也可能成为一个君子。

朋友之间是可以相互激发的，当我们心甘情愿、忠心耿耿地给君子“提鞋”的时候，会激发君子的潜能，而君子也会真心实意地对待我们，我们的境界也会跟着提高，这样就会共同走向人生的美好。

我们可以发现，两个志同道合的人合作共事，都会快快乐乐的，很少为了一点利益而争论不休。他们互相激发对方身上的优点，不断改进自身的缺点，两个人都向更高境界发展。虽然他们有时也会出现一点小分歧，但不影响他们相互尊重，“君子和而不同，小人同而不和”说的就是如此。和小人共事，我们很少有机会把注意力集中在踏踏实实做事情上，大多是钩心斗角、盘算算计，哪还有什么时间和机会去提高自己的能力？而事实上只有能力才是我们的安身立命之本。和小人合作共事，即使利益是一致的，做事方法也完全合拍，但很难有一个好的结果。为什么？因为大家都太过贪婪，最终只能两败俱伤。

潘岳是西晋著名文学家。他擅长文赋，辞藻华美，与文豪陆机齐名，世称“潘陆”。但后来为什么声名不显呢？大概与他的人品有关。

潘岳虽然才高八斗，可遇到石崇后，开始追名逐利、趋炎附势，和石崇一起巴结奉承当时的权臣贾谧。

贾谧是国丈贾充的孙子，皇后贾南风的侄子。当时的皇帝晋惠帝是中国历史上有名的昏君，不过他的昏庸还和隋炀帝、殷纣王等不一样，他不是刚愎自用，而是心智不健全。当时的朝政实际上把持在后族贾氏手中，贾谧就凭仗祖父与姑母的势力，轻而易举地成为权倾朝野的人物，也成为无数小人争相阿谀的对象。

潘岳和石崇与其他小人一样，想尽办法讨取贾谧的欢心。他们为表现出甘愿为奴的忠心，每次见到贾谧的马车，便对着车轮卷起的尘土叩拜行礼。

潘岳的母亲对他跟着石崇献媚的做法很反感，便劝他说：“你已经做到黄门侍郎，俸禄丰厚，应该知足了。可你为什么跟着石崇没完没了地阿谀奉承呢？难道就没有一点读书人的风骨吗？你跟着这帮人，一旦他们的事情败露，失去势力，到时你后悔就来不及了。”潘岳将母亲的规劝当作耳旁风，依然我行我素。

天有不测风云，晋朝的王族不满贾家一直把持朝政，就想办法培植新生力量，导致朝廷内部出现了权力之争，而且迅速演变成混战，这就是历史上有名的“八王之乱”。在动乱中，贾氏被赵王司马伦消灭，潘岳也因为跟着为非作歹，被处以极刑。行刑前他想起母亲的话，可是已经晚了。

潘岳本身才高八斗，本可以成为一代文豪，就算他曾经犯了点错误，及时听取母亲的规劝也有改过自新的机会，但他始终跟错人，走错路，酿成不可挽回的恶果。

在生活中，我们做人要有精品意识。好比一道四则运算题，有人是你的“加数”“乘数”，可以增强你的实力；有人是你的“减数”“除数”，必然削弱你的竞争力。君子无疑是加数、乘数，而小人则是减数、除数。我们要选择“君子团队”，而当不小心进入价值观不良的环境时，我们也要有勇气离开，不要瞻前顾后。

情理不顺，气死旁人

老话说：情理不顺，气死旁人。

做人做事，“得人心”才可能顺风顺水。怎样才能“得人心”呢？一般有四种方法：

1. 一种方法是“以力服人”

“力”有武力、智力。凭武力征服人，技术含量低，还要接受法律的约束。对普通人来说，一般是借助智力服人。但折服不等于心服口服，小事对方或许会忍气吞声，大事就可能引发激烈反抗。

有一名美国律师，买了一盒稀有且昂贵的雪茄，还为雪茄投保了火险。当他抽完雪茄后，向法庭提起诉讼，要求保险公司赔偿损失，理由是：雪茄在“一连串的小火”中受损。他引用各项法律条文，居然赢了这场官司。最后法官判决：保险公司必须赔偿该律师 15000 美元。

但是，律师还来不及得意，就被逮捕候审，罪名涉嫌24起“纵火案”。此前他胜诉的申诉书和证词，都成了“铁证”。最后，法庭以“蓄意烧毁已投保之财产”的罪名，判他入狱服刑24个月，并处罚金24000美元。

“以力服人”是一件比较冒险的事，我有力量，别人也有；我聪明，别人也不傻。无论用武力还是智力，都可能导致两败俱伤的结局。所以，这种方法不宜轻易使用。

2. 一种方法是“以理服人”

多数人都懂道理也讲道理，只是一时间难以将眼前的事情跟道理联系起来。看不明，想不通，做事就可能违情悖理。只要将道理讲通了，思想工作也就做通了。

俄国“十月革命”刚胜利的时候，许多工人怀着对沙皇的刻骨仇恨，坚决要求烧掉沙皇住过的宫殿。列宁亲自出面做说服工作，他问大家：“沙皇住的房子是谁造的？”

工人们说：“是我们造的。”

列宁又问：“我们自己造的房子，不让沙皇住，让我们自己的代表住好不好？”

工人们齐声回答：“好！”

列宁再问：“那么，这房子我们还要不要烧呢？”

大家都说：“不烧了！”

道理一通，一个群体性事件很快就平息了。

3. 一种方法是“以德服人”

道德超越道理。“以理服人”的特点是征服人心，“以德服人”的特点是感化人心，两者的层次不一样。在大家熟知的《六尺巷》的故事中，高官与邻人建房争地，高官以谦让之德，让地三尺，邻人受到感化，也让地三尺，于是形成了一条六尺宽的巷子，事情得以圆满解决。这就是“以德服人”。

4. 一种方法是“以情服人”

感情可以超越道理和道德，结果不一定合乎道理，甚至不一定合乎道德，但却能带来皆大欢喜的结果。

在19世纪美国南部一个小镇上，一个年轻人因为失恋，开枪自杀了。当警长带着年轻的助手赶到时，只见死者的6位亲属的脸上满是哀伤与绝望，而邻人们则表情异样地看着他们。作为基督徒，自杀是在上帝面前犯了罪，而风气保守的小镇居民会视他们全家为异教徒，从此不会有好人家的男子娶他们的女儿，也不会有良家女子肯嫁给这个家族的男人。

这时，一直沉默的警长开口了：“这是一起谋杀。你们有谁看见他的银挂表了吗？”

那块银挂表，镇上的人都认得，是那个女子送给年轻人的唯一信物。

警长严肃地站起身说：“如果你们谁都没看到，一定是被凶手拿走了，这显然是谋财害命。”

警长话音刚落，死者的亲人们号啕大哭，耻辱的十字架变成了亲情的悲痛，原来冷眼旁观的邻居们也开始走近他们，表达慰问。

警长离开了死者家。年轻的助手问："我们该从哪里开始找这块表呢？"

警长的嘴角露出一丝笑意，伸手从口袋里掏出了那块银表。

助手惊讶地说："您说了谎？这是违背《摩西十诫》的！"

警长拍拍他的肩说："年轻人，请相信我，6个人的一生，比《摩西十诫》重要百倍。而一句仁慈的谎言，只怕上帝也会装作没有听见。"

助手感动地说："是的！我宁愿跟您一起说谎。"

警长的善举，违反了道德教条，找不到法律依据，却能感动人心，相信看过这个故事的人，都会认为他做得对。

道理也好，道德也好，都是为了帮助人们更好地生活而避免纷争。感情可以超越道理、道德，让人们直接感受生活之美并消解纷争。或许，"以情服人"才是境界最高的征服人心的方法。

宁可一日没钱使，不可一日坏行止

吃些苦，并不可怕。生活一时遇到困难，咬咬牙，总可以挺过去的。可一旦做了坏事，便欠下了一笔难以偿还的心债，健全的精神便出现了一个难以弥补的瑕疵。轻则受到灵魂的拷问，内心难以安宁；重则还可能受到法律的追究，损失就难以估量了。

我们绝大多数人都是普通人，都想做好人，但行为和想法却有一定的差距。我们不会在大事上犯下难以挽回的过失，却有可能在小节上出现损害荣誉的瑕疵。有一句话说得好：欠人的总要还。小节上的过失，对他人的损害轻微，常常可以马虎过去，但一旦到了需要偿还的时候，计息的方式很可能是“高利贷”。

有一个女孩，去某公司应聘时，刚递上简历，人事经理看都没看一眼，就说：“你不适合我们这个岗位，可以到别的公司试一试。”

女孩被激怒了，嚷道：“你根本不知道我的经历，甚至没有看过我的简历，怎么知道我不适合？你约我来面试，难道只是为了戏弄我吗？”

经理冷冷地看了她一眼，说：“你想知道原因吗？那我告诉你吧！在公共汽车上，你逃票了，不巧的是，我正好站在你后面；在公司门口，你对门卫说，你是某公司的业务经理，来洽谈生意，我想你是为了让别人高看你一眼，但诚实才是我们公司倡导的风格。”

女孩羞得满脸通红，一言不发，从经理面前逃走了。从此，这件事成了她难以忘怀的耻辱，每次想到这件事，她都痛苦不堪。假设有可能，她宁愿补一百张票，将说过的话重说一遍，但谁能给她这个机会呢？

即使有机会弥补过失，也未必有效。俗话说“疑心生暗鬼”。其实“暗鬼”也会生“疑心”，不好的事一旦做出来，“暗鬼”就藏在心里，赶都赶不走，从此需要花很大的心力跟这个“暗鬼”做斗争，所受的损失可能百倍于给他人造成的损失。

“水产大王”刘汉元年轻时，在某水利公司找了份工作，工资不高，每月33元钱。他家里比较穷，33元钱对他来说非常重要。不料，领工资时，发工资的人欺负他是新来的，就对他说：“先把字签了吧！”

刘汉元签了字，那人假意找了一番，说：“真不巧，钱不够了，过几天再给你吧！”

刘汉元不知是计，放心地走了。

过了几天，他再去领工资，那人指着他的签名，一口咬定他已经领走了工资。

刘汉元急了："那天我签了字没领钱啊！"

那人问："没领钱你签什么字？"

刘汉元这才明白，原来对方是有心算计他的血汗钱。他很生气，但却无可奈何，因为证据对自己不利，官司都没得打，只能自认倒霉，心里却对此人鄙视到了极点。

不久后，刘汉元被借调到市水利局。那人一听着了慌：那可是上级部门啊！刘汉元进了"大衙门"，将来难免给自己"穿小鞋"，得赶紧想个办法补救才好。

于是，那人将刘汉元和几位同事请去，好吃好喝了一顿。饭毕，他吞吞吐吐地对刘汉元表达讲和之意："古人言，'马无夜草不肥，人无横财不富'。那次的事儿……"

刘汉元笑笑，若无其事地说："哦，我知道了！"意思是没将这事放在心上。

他真的没将这事放在心上，以后见了那人，还是像对待老同事一样。多年后，他成了亿万富翁，见了那人，还是有说有笑。他不放在心上，那人却不能不放在心上，每次见了他，都难免有些尴尬。比较具有讽刺意味的是，那人并没有因"横财"而富，反倒越混越差，一直在食堂做饭。

后来，功成名就的刘汉元一直将此事作为自己的"警钟"，他总结说："人会因为穷对许多事情恐惧、害怕，也会因为穷对一切无所畏惧。两种情况都很危险，两种情况交织在一起就更危险。因此那件事之后，我就一直告诫自己，做了恶，再小也总是要还的，要做一个好人。"

“恶”是一颗种子，“因小种子而生大果”，到头来所得的报应，不知是种子的多少倍。许多人不相信“因果报应”，事实上，恶念一起，报应就开始了，很快就变成一种表情，成为脸上的“污垢”；恶行一出，报应也开始了，很快就变成一种心情，添了一桩“心病”。是否还有额外的报应，倒不一定，单是染上“心病”，损失就不轻。在上例中，那个贪图“夜草”“横财”的人，假设他能用 33 元钱医好“心病”，一定会痛快地掏钱吧！但他上哪儿去找一个能医“心病”的医生呢？

万里人生路，走好第一步

老人言："万里人生路，走好第一步。"人生的第一步是做人，人生道路无论如何发展都是个人走出的结果，而一个人若己身不正，是很难走上正路的。

每个人都想走正路，每个人都想自己的人生一片坦途，那么如何做到这一点呢？我们的先辈告诉我们，修养好自身，学会如何做人，这是第一位的。

历史上有无数的成功者，这些成功者的人生道路迥异，成就也各不相 同，然而都有一个共同点，那就是他们在做人方面都有自己的独到之处。

做人是人生的第一步，那什么又是做人的第一步呢？答案就是自知。一个人只有认识自己，知道自己的优点和不足，才能取长补短，让自己变得更完美。道德经云：知人者智，自知者明。一个做事成功的人，自知是他必须具备的特质；一个不自知的人，即便其他方面有再多的优势，也不可能让自己走上成功之路。

读过《三国演义》的人都知道，曹操同袁绍争霸之时，曹操是处于劣势的。袁绍由于出身好，身边有很多拥护者。他的兵比曹操多，谋士也比曹操多，然而最终却败给了曹操，为什么呢?就是因为曹操自知，能够取长补短，让自己更强大；而袁绍不自知，虽有优势却不能发挥出来。

一个成功的人，重要的是要对自己有一个清醒的认识。只有清醒地认识自己，才能够在自己不擅长的领域寻求帮助，在擅长的领域发挥最大能量。

刘邦说："夫运筹帷幄之中，决胜千里之外，吾不如子房；镇国家，抚百姓，给馈饷，不绝粮道，吾不如萧何；连百万之军，战必胜，攻必取，吾不如韩信。此三者，皆人杰也，吾能用之，此吾所以取天下也。项羽有一范增而不能用，此其所以为我擒也。"

有一次，刘邦与韩信阅兵，谈及将领的才能大小，韩信坦诚地说："臣善将兵，多多益善；陛下不能将兵，而善将将。"刘邦的聪明，首先在于自知，其次在于知彼。这就是最大的聪明。

凡做大事之人，都肩负着巨大的责任与使命，这就更要求这些人要清醒地认识自己。一个不能清醒认识自己的人，必定是一个自以为是的人。这样的人做事死板固执，难以变通，不能够清醒判断，不懂得审时度势，因此也就不能很好地应付可能遇到的问题。

此外，一个不能清醒认识自己的人，也不会是一个能够使用好人才的人。因为在遇到问题时他们总会在心里先拿定一个主意，然而他的主意又未必是正确的。当他的主意与具体办事者发生冲突之时，他就会刚愎自用地觉得自己是对的，这无形之中就给人才套上了枷锁。在这种情况下，即便是再专业的人才，也没有办法把工作做好。

整天认为自己聪明的人，未必是真的聪明；总是觉得自己愚笨的人，也未必真的愚笨，前者是自作聪明，后者则是大智若愚。大智若愚的人，慢慢地会发觉自己的聪明，而自作聪明的人，则永远也看不到自己的愚蠢。

因此，建议大家先抛弃内心那些自以为是的想法，用过去的经历仔细反思一下自己到底是什么样的人，把自己看清楚，你的下一步才会走得更加坚实。

宁可正而得不足，不可邪中求有余

老人言：“宁可正而得不足，不可邪中求有余。”人生虽然不能说一切都是命中注定，但是对所要追求的东西也应该有所取舍，不该得的不要强求，更不能扭曲人格、违背道义、不择手段地获取。与其以不正当的方式拥有，不如得不到，那样最起码在德行上不会有所亏欠。

面对贫困的现状，很多人想要摆脱却无能为力。此时，若有一个机会出现在面前，让人能够摆脱贫困，那么相信绝大多数人一定会毫不犹豫地将它抓住，就如同溺水的人抓住一根木头一样。

但是，世界上还有这样一些人，他们虽然也“溺”在“水里”，也急需“一根木头”来救助他们，但并不是看见什么“木头”都抓。当一根“木头”出现在他们面前时，他们会先看一下这根“木头”是不是属于自己的，是不是应该抓住，如果不是，他们宁愿继续“溺”在“水里”，也不愿通过这不属于自己的机会“上岸”。

曾经看过这样一则新闻：

2002 年 8 月的一个上午，广东茂名一家体育彩票销售点的负责人林海燕接到一个电话，是经常在这里买彩票的老顾客吴先生打来的。吴先生是彩票迷，甚至出差在外都不忘买上几注。这次，吴先生无法亲自来买彩票，就打电话请林海燕垫钱帮他买 700 元的体育彩票。因为吴先生信誉较好，尽管这次金额较大，林海燕还是爽快地为吴先生垫钱买了彩票。

奇迹就在当天下午发生了，广东体彩 36 选 7 开出了全省唯一一注 518 万元的大奖，而这个大奖恰好就落在了林海燕所在的销售点。更不可思议的是，林海燕查对彩票号码时，发现中大奖的竟是自己垫钱为吴先生买的那注彩票。因为体彩具有不记名、不挂失的特点，彩票是林海燕垫钱买的，顾客也一直没来取票，林海燕完全可以把 518 万元奖金据为己有。但正直善良的林海燕丝毫不为巨额奖金所动，她的选择是立即拿起电话把中奖的消息告诉了还在外地的吴先生。

9 月 9 日，吴先生出差回来，兴高采烈地到销售点取走了林海燕为他保管了一个多星期的中奖彩票。吴先生坚持要给林海燕 20 万元作为酬谢，但被她谢绝了，因为在她看来，她所做的就是一个诚实的人应有的行为。

林海燕并非富人，然而面对可能改变自己一生命运的巨奖，她选择了放弃。为什么呢？因为这个巨奖不属于她。不是自己的东西，就不能妄取。这就是高尚而正直的品格。

古有神鸟凤凰，非梧桐不栖，非醴泉不饮，非竹实不食。林海燕有着和凤凰一样的高洁品质，这实在值得我们称道。

现实生活中，有些人还是能够通过一些为非作歹的方法谋得境遇的转变。然而为什么这么做的人少之又少呢？答案就是有正直品格的人大有人在。

正直的品格要求我们不去做那些有损于德行的事情，因此即便败德能换取富贵，多数人仍然选择安贫乐道，在正途上寻觅自己的翻身之机。所谓“君子爱财，取之有道”，就是这个道理。

胡雪岩的一生就是一部励志的传奇，他凭借自己独特的处世风格积聚万贯家财，在世时显赫一时。富贵之后他坚守“戒欺”和“真不二价”的经商信条，做了很多利国利民的好事。

著名的胡庆余堂就是胡雪岩创办的。他将“戒欺”和“真不二价”这两则商业信条挂在店中，时刻提醒伙计也提醒自己——制药应以心为本，切不可为了蝇头小利而违背道义，做出欺骗百姓的事情。另外胡雪岩还要求员工在制药时，一定要按照“采办务真，修制务精”来做事，也就是要求伙计采药时要用真药，不能掺假，制药要精益求精。

总之，凡事要以百姓的利益为先，莫要以个人的利益为先。正是因为他坚守这一信条，他在获得了长久的利益的同时，还赢得了“药王”的美誉。

在当时老百姓中流传着一句老话，“为官要学曾国藩，经商要学胡雪岩”。胡雪岩这位商界传奇人物，从最初的钱庄伙计到后来富可敌国的企业家，甚至还被后人称为中国的“第四大财神”，能得到这样高的评价，并非胡雪岩家财万贯，也不是因他红极一时，而是缘于他能够坚守道德，不欺诈、不投机取巧。

《论语》中有段话：“饭疏食，饮水，曲肱而枕之，乐亦在其中矣。不义而富且贵，于我如浮云。”这句话的意思是：“吃粗粮，喝白水，将胳膊当枕头，乐趣也就在这中间了。用不正当的手段来赢取富贵，对于我来说如同天上的浮云。”

孔子的这番话值得我们后人谨记，虽然富贵令人向往，但是通过不义之道取得的富贵却无福消受。因此，对于一个有志于摆脱困厄的人来说，与其惶惶不安地享受富贵，还不如坦坦荡荡地安于贫穷。

《论语》里面还有一段话：“富与贵，是人之所欲也，不以其道得之，不处也；贫与贱，是人之所恶也，不以其道得之，不去也。君子去仁，恶乎成名？君子无终食之间违仁，造次必于是，颠沛必于是。”

在至圣先师看来，金钱和地位都是人们所向往的，但若不是通过仁道的方式获得的，那君子是不会接受的。贫穷和低贱都是人们所厌恶的，若不是用仁道的方法摆脱，那君子甘愿一生贫穷。君子没有了仁道，怎么还有好名声呢？因此不管什么时候，君子都不会离开仁道。

是否有良好的德行，是否有正直的品格，这是君子与小人的区别。虽然富贵了，但身上背负了小人的标签，处处为人所唾弃，这样的富贵又有什么意思呢？

在一生中，我们会遇到很多机会，有些机会我们不伸手会后悔一辈子，而有些机会则是我们伸手了会后悔一辈子。前者是我们错过了机会，后者是我们违背了道德。错过了机会，可能还有弥补的机会；违背了道德，我们的一生可能就毁了。

头要冷，心要热

老人言：“头要冷，心要热。”我们无论遇到什么事，冷静是第一位的。然而在冷静之余，我们还应该有一副古道热肠。只有这样，才能让我们在为人处世上获得成功。

刘欢在歌中这样唱道：“一个篱笆三个桩，一个好汉三个帮，为了大家都幸福，世界需要热心肠。”

现实生活中，每个人都有需要他人帮助的时候，而这时若能得到别人的援手，相信我们的内心一定会洋溢起一股暖流，让我们觉得这个世界“真美好”。

但是，对于陌生人的需求，很多人是不想或者不愿伸出援手的。为什么会这样呢?

其实道理很简单，在一个人人都把自己封闭起来的世界，自然可能不会有手伸向我们。而在需要时得不到援手，又促使我们更加地把自己封闭起来。封闭和得不到援手，便形成了一种恶性循环。

有这样一个女孩儿，她是一个公司的白领，前几天刚刚和男朋友分手。分手之后她自然要从男友那里搬出来，女孩儿很快就找到了房子，那是一个她完全陌生的小区。搬家的时候，这个女孩儿故意留意了一下，发现对面住的一户人家似乎不怎么富裕，经过了解才知道那是一个离异的妇人带着两个小孩。

这女孩儿对邻居家没有什么好感，因而平时很少和他们打交道。谁知有一天晚上，女孩儿所在的小区停电了。因为事发突然，女孩儿只好点起了蜡烛。蜡烛点上没一会儿，她就听到外面有人在敲门。

女孩儿打开房门一看，原来是隔壁邻居的小孩子，他紧张地问：“阿姨，请问你家有蜡烛吗？”

女孩儿心想：他们家竟穷到连蜡烛都没有吗？她心里泛起了一股不满的情绪，没好气地对孩子说：“没有！”说完就准备关上门，这时那个小孩子微笑着对她说：“我就知道你家一定没有。”说完，他从怀里拿出两根蜡烛说：“妈妈和我怕你没有蜡烛，所以让我拿两根来送你。”此刻，这女孩儿才知道对方是给自己送蜡烛来的，顿时又自责又感动。

这个女白领的世界无疑是冰冷的，在别人的热情下，她被感动了。

我们在生活中经常看到这样一些人，他们总是以一副冰冷的面孔去对待别人。

其实，想让自己的心热起来的方法很简单，主动伸出援手，去用一副热心肠温暖别人，这样一来，我们身边自然会围绕着暖洋洋的善意了。

有句话说得好："人人为我，我为人人。"在心中有为他人之心，那么他人也会为你着想。我们中国有句古话叫"若能爱人如爱己，便是自在好人间"，一个聪明的人，是应该有爱他人的能力的。

没有人能孤单地活着，每个人的人生当中都需要有人相伴，而一个爱他人的人，其人生之旅无疑会有更多的温暖。另外爱他人还体现着一种责任。不是有句话叫"达则兼济天下"吗？一个有能力的人，应该肩负起爱他人的重任，而一个能够爱他人的人，又因为其能力的突出而得到他人的拥戴。

有个成语叫"结草衔环"，在这个成语背后，就是一个以古道热肠换来他人回报的故事。魏武子临终前嘱咐儿子魏颗将其一名爱姬殉葬，但魏颗没有遵循父亲的遗愿。后来魏国和秦国打仗，一位老人赶来相助，魏颗取得了胜利。这老人便是当初魏颗放走的那个美姬的父亲。

魏颗的一副古道热肠换来的是后来加倍的回报，这就是善的力量。我们要知道，善待他人其实就是善待自己。有句谚语叫"送人玫瑰，手有余香"，一个人若能像爱自己一样爱别人，那么也必定能得到别人同等的爱。

有一家人非常喜欢金鱼，每到休息之时，这家人都会聚在一起看鱼缸里的金鱼，他们的疲惫便顿时消失了。但是好景不长，因为战乱，这家人必须要搬迁。

一家人匆匆收拾家当，跳上了马车准备逃难。马车匆匆行走了一小段距离，这家小男孩突然想到金鱼，“糟了！我们忘了那两条金鱼！”小男孩说。

父亲听到后，犹豫地说：“现在已经没有时间再折回去了！”

“金鱼也是我们的家人，我们不能不管它们啊！”小男孩焦急地说。

母亲也附和：“是啊！我们什么时候能回家还不知道，万一鱼缸里的水干了，那金鱼可就糟了！”

“好吧！”父亲掉转马车，回到了家中，男孩儿赶忙将那些金鱼放到了后院的池塘里，然后一家人才连忙离开了家园。

战争足足持续了一年，一年后，这家人终于返回了故乡。面对被战火摧毁的家园，一家人忍不住发起愁来：该怎么生活呢？就在此时，小男孩突然发现，池塘里有好多亮晶晶的小光点。靠近一看，才发现池塘里竟然有好多好多金鱼，原来金鱼在池塘里繁衍了无数的后代。就这样，这家人靠着卖金鱼度过了这次危机。

小男孩放走金鱼是出于对金鱼的爱。他没有把金鱼带在身边是因为他知道这样金鱼活不久，把它们放进池塘才是最高尚的爱，而这样高尚的爱是能够生根发芽的。

一个能够爱他人的人，就如同在自己身边播撒下了友善的种子，它会在我们遗忘的时候，悄悄地成长，在哪天我们需要的时候，给我们以回报。

因此，我们应该学会像爱自己一样去爱别人。要知道今天我们这样去做，明天别人同样会这样来对待我们。而一个被爱包围的人生，又怎么可能不幸福呢？

人的名，树的影

有句老话叫“人的名，树的影”，很多年轻人对此可能不甚明了。其实，它是指人的口碑会给自己带来便利。说到口碑，很多人可能只会想到那些明星、大腕、成功人士能够通过好口碑获得便利，但其实，普通人的口碑在其前进的道路上也有着非常重要的作用。

有人曾讲过一个笑话，说是微博这东西是咱们中国人发明的，早在宋朝时就有，道理在哪儿？就在《水浒传》上。那一百零八条好汉，很多人以前没见过面，但一说外号就都“久仰”了，很显然，他们一定是早就互相把对方“加关注”了！

诚然，这是一个笑话，但如果我们能够思考一下就会发现，这其中还真蕴含着深刻的道理。就以宋江为例，作为山东省郓城县的押司，不过是政府最底层的公务员，然而就是这么一个要权力没权力，要长相没长相的人，却能够在大江南北声名显赫，无论走到哪儿都有人帮他。

宋江一怒之下杀了阎婆惜，负责拘捕他的朱仝却暗中为他通风报信，使他能够只身脱逃；在江湖中无处容身，却又有柴进收留；再到后来遇武松，入清风寨，结识戴宗、李逵、张顺，以至于虽被刺配，却仍能够过得逍遥快活。宋江这一路下来，真可谓是步步遇贵人，际遇着实让人羡慕。然而更令人羡慕的是，这些贵人还大多以结识或帮助宋江为荣，这就更值得我们思考了。是什么让他们如此钦佩宋江呢？其实就是名气。

俗话说“人的名，树的影”，某人要是每每遇到陌生人，都能够让人乐意与之结交，那除了口碑恐怕也没有什么别的原因了。让我们先看看《水浒传》第三十七回，施耐庵对李逵与宋江的描写，读者就会了解这句话了。

李逵瞄着宋江问戴宗道：“哥哥，这黑汉子是谁？”

戴宗对宋江笑道：“押司，你看这恁么粗鲁！全不识些体面！”

李逵道：“我问大哥，怎地是粗鲁？”

戴宗道：“兄弟，你便请问‘这位官人是谁’便好，你倒却说‘这黑汉子是谁’，这不是粗鲁却是甚么？我且与你说知，这位仁兄便是闲常你要去投奔他的义士哥哥。”

李逵道：“莫不是山东及时雨黑宋江？”

戴宗喝道：“咄！你这厮敢如此犯上！直言叫唤，全不识些高低！兀自不快下拜，等几时！”

李逵道：“若真个是宋公明，我便下拜；若是假的，我却拜甚鸟！义士哥哥，不要赚我拜了，你却笑我！”

宋江便道：“我正是山东黑宋江。”

李逵拍手叫道：“我那爷！你何不早说些个，也教铁牛欢喜！”

扑翻身躯便拜。

从大叫“这黑汉子”到扑翻身躯便拜，李逵之所以如此前倨后恭，原因就在于对方报出了“宋江”的名号。李逵是绝不知道面前这个“黑汉子”有什么过人之处的，但如果是宋江，那就另当别论了。这就是口碑的作用。

口碑是什么？指的就是人们口口相传的对某人的评价，就如同商品的广告一样。茅台酒未必有自家酿的米酒好喝，但二者的价格却绝不可同日而语，原因就在于茅台酒有着良好的口碑。人也一样，一个口碑良好的人，他无论到了哪里都能够四处逢源；而一个口碑不佳的人，则在社会上寸步难行。

我们能够看到这样一种现象：很多人会不计成本地为自己营造良好的信用和名声，甚至于牺牲很大的利益去换取别人的肯定。人们这样做是为什么呢？其实就是想利用信息的传播来给自己树立良好的口碑。因为他们知道，一旦口碑树立起来，自己无论做什么都会事半功倍。

有句话叫“赔本赚吆喝”，其实这就是一种利用口碑推销自己的模式。先让出一部分利益，用它换来市场对自己的认可，这样一来，更多的利益就会滚滚而来了。这一做法在市场营销的历史上屡见不鲜。

只要一提起皮尔·卡丹，相信没有人会不知道，它是世界最知名的服装品牌之一，被誉为法兰西民族的标志。它机构齐全，涉及人类社会生活的方方面面，一贯实行产、供、销一条龙的经营策略。全世界有九十多个国家生产皮尔·卡丹产品，在至少一百八十五个国家设有五千多家商店，这一“帝国”在全世界大约有十八万名职员。

然而，很少有人知道，作为品牌的创始人，皮尔·卡丹先生的成功之路就是从赔本赚吆喝，给自己做广告开始的。

皮尔·卡丹出生在意大利，小学没毕业就随父母来到了法国。十八岁时皮尔·卡丹又离开家只身来到巴黎闯荡。当时，身无分文的他想要在巴黎安身立命就必须有一个职业。他看上了一家裁缝店，想要成为裁缝店的学徒，但无论是年龄还是学历都成了阻挡他的障碍。此时皮尔·卡丹灵机一动，从一个意大利醉汉手中购买了一张意大利某著名裁缝的名片，对裁缝店老板谎称自己曾在这个裁缝手下做过事。一看是大师的学徒，裁缝店老板欣然雇佣了他。而等到发现皮尔·卡丹对裁缝实际上一无所知时，老板已不好意思再赶他走了。就这样，皮尔·卡丹靠一张买来的名片开启了自己的服装设计之路。

第二次世界大战结束后，欧洲经济走上了复兴之路，皮尔·卡丹此时也正年轻。因此，他离开了裁缝店，想要建立自己的事业。然而此时一无名气、二无资本的他很难在竞争激烈的时装界站住脚。

但是，困难阻挡不了皮尔·卡丹，他又拿出自己那套赔钱做广告的本领。他找到当时的著名演员让·马雷，免费为他设计了十二套服装，只要求当有人问到服装设计者时，马雷说出自己的名字。对于这天上掉馅饼的好事，马雷自然一口答应。殊不知这正中了皮尔·卡丹的“圈套”。后来，马雷对皮尔·卡丹设计的服装非常心仪，因此在很多公开场合以至于影片中都将其穿着在身上。而随着马雷影片的公映，就等于为皮尔·卡丹的服装做了广告。

果不其然，随着马雷的电影票房一路飙升，皮尔·卡丹的名气也越来越大，从一个默默无闻的街头裁缝一跃成为法国最著名的服装设计师，而他的事业也就此迈向了成功。

我们试想，如果不是利用让·马雷为自己树立了良好的口碑，皮尔·卡丹的服装之路恐怕在还没有开始的时候就结束了。能够成为服装设计大师，并为今天偌大的皮尔·卡丹集团奠定下坚实的基础，皮尔·卡丹的能力自然是毋庸置疑的，然而能力再强，如果不是这两个契机让他进入服装界，为大众所熟知、所追捧，他恐怕也不会有如此的成绩。

所以，在日常生活中也好，在工作中也罢，一定要努力为自己营造良好的口碑，用讲信用、讲义气、负责任的行为使自己成为一个受人爱戴的人。这样做了，你就等于为自己的成功增添了人力资源。

人要像鸟儿爱惜自己的羽毛一样爱惜自己的口碑，因为整齐而健康的羽毛能让鸟儿飞得更高，良好而声名远播的口碑则会让人走得更远。

水深流曲慢，贵人语话迟

比上不足，比下有余

当你总是将眼光放在那些比你强的人身上时，你自然会有很强的挫败感，觉得自己不如别人。每当你被这种心态所困扰时，长辈们就会教你向身后看一看，看看那些不如你的人，这样一来，你也许就会轻松多了。

曾经看过这样一段话：同样是艺术家，同样精神不太正常，凡·高和毕加索的差距怎么就那么大呢？凡·高生前一直默默无闻，卖不掉画只能靠兄弟的接济勉强维持生计，一不小心还被人割了耳朵；一生都在追求爱情，但却被爱情所抛弃，只能委身到妓女那里寻找一些可悲的温暖。毕加索则完全不同，他是现实世界的宠儿，无数评论家为他所倾倒，收藏家更是供给了他锦衣玉食的生活，他一生被女人包围着，到了 80 岁还在谈恋爱。

看到这里，我由衷地感慨，人和人真是不能比啊。我在臆想一种情况，如果凡·高和毕加索是同时代的人，两人又凑巧相识，那么凡·高该是多么地羡慕、嫉妒、恨啊！然而现实是，人与人是不能比的，即便两个人真的在同一时代，我们也不建议凡·高去和毕加索比较，因为一个人无论多么羡慕别人，终归是要做回自己的，既然如此，又何必让别人的幸福刺痛自己呢？

一个女孩一直抱怨父母没有把自己生成明星的脸，以至于在求职的时候不能给用人单位留下最佳的第一印象。她逼着父母出钱给自己整容。一个男孩恋爱失败，因为他的身高达不到心爱女孩的要求，于是，他自暴自弃，对爱情失去了信心。

比较是人类活动的一大特征，我们生在这个人与人构成的社会，都免不了要和人做出比较，但比较的结果却往往会使我们不大自在。

无论愿不愿意承认，人与人之间的差距总是存在的，只要稍微比较，差距就无处不在。单就衣食住行而言，向上比较，有的人锦衣玉食，开好车，住豪宅，我们却只能住在普通的单元房里，每个月还要还贷款，出行只能骑自行车。如果这样比较的话，我们的生活真是苦不堪言。

但我们必须明白，比较并不能瞬间改变我们的生活，要想改变自己的现状，就必须努力，而在努力让生活变好以前，我们不妨先采取一些方法缓解一下自己的压力。

蔡平是生活在二线城市的一个私企小老板，公司不太忙但又有着不错的效益，家里有一位非常贤惠的太太，还给他生了一个漂亮的女儿。按常理他应该很幸福才对，但事实却并不是这样。蔡平每天闷闷不乐，在单位有事儿没事儿就向下属发火，回到家里也经常一声不吭地紧绷着脸。朋友们一起聚会的时候，他也经常借酒消愁，但大家又实在不知道他有什么可愁的。

有人问蔡平，他到底为什么总是这样。

蔡平的回答是：他虽然略有小成，但跟年轻时立下的做世界富豪的志愿还差得很远，他现在年龄越来越大，看来这个愿望是不可能实现了；妻子给他生的女儿他确实很喜欢，但他一直想要一个儿子。为此他一天比一天沮丧……

其实，蔡平就是缺少我们所强调的这种“比上不足，比下有余”的良好心态，他的眼睛只看着那些自己没有得到的，却忘了看一看手中有的是多少人梦寐以求的。

当然，想保持“比上不足，比下有余”的心态也不那么容易，其中最难掌握的就是比较的尺度。向上比的“不足”太多，轻者难免自怨自艾，重则可能自暴自弃，终日沉浸在一种凡事不如意的烦恼中不能自拔；向下比的“有余”太多也未必是什么好事，要么会安于现状不思进取，要么会自鸣得意夜郎自大。但只要掌握好这“不足”和“有余”之间的平衡，就会让我们的生活少很多烦恼。

在现实中，真正明智的人不会把自己放到众人之中去盲目比较，自寻烦恼。因为他们明白，人与人之间固然存在差距，但人们所面临的生活本身就千差万别。跟情况完全不同的人比较就是自寻烦恼。如果比较实在不可避免，真正达观的人应该在比较中寻求一种平衡，应该对自己有一个准确的判断，明确自己的位置，努力做好自己的事，而不是把目光更多地放在别人身上。

值得注意的是，不和比自己好的人比较是为了缓解生活的压力，而不是“破罐子破摔”，得过且过，人生的真谛终归还是用奋斗来实现成功的。人生须往前看，要向成功者学习，但实在做不到时又得学会向后看，从而不让自己有太大的压力。

知足者常乐

当我们总是觉得人生不如意时，长辈们就会劝告我们“知足常乐”。不要以为这是长辈们消极的表现，当你对人生有了充分的体会之后你就会发现，这才是真正的积极人生。我很喜欢听郭德纲说的相声，他的太平歌词唱得也非常有味道。记得一次听他唱一曲名为《骷髅叹》的小曲，让我感触颇多。这个小曲很简单，一共就只有下面这十几句话：

庄公打马下山来，遇见了骷髅倒在了尘埃。庄子休一见发了恻隐，身背后摘下了葫芦来。葫芦里倒出来金丹一粒，那半边儿红来半边儿白。红丸儿治的是男儿汉，那白药粒儿治的是女裙钗。用金簪撬牙关灌下了药，那骷髅骨得命站起了身来。伸手抓住了高头马，叫一声先生你听个明白，怎不见金鞍玉镫我那逍遥马，怎不见琴剑书箱我那小婴孩，这些个东西我全都不要，那快快快还我的银子来。庄子休闻听长叹气，那小人得命他又要思财！

读完小曲，相信读者应该也有所感触了吧！人生在世，可贵的是知足，知足者才能常乐。已经得到了一些好处，就应该见好就收，然而却总有人不知道知足，既得陇复望蜀，结果把到手的好处也丢掉了。

一个小村里住着一对贫穷的夫妇，两个人每天早晚耕织，虽然只能勉强维持生计，但日子过得倒也幸福。后来他们偶然间得到了一只母鸡，这下两人就更高兴了，因为他们每天能得到一个鸡蛋。

可能是出于对这对夫妇勤劳的感动，上天决定奖励他们，于是便让他们的母鸡每天都生一个金蛋。第一次看到鸡生下金蛋的时候，夫妇吓了一跳，偷偷摸摸拿到集市上卖了很多钱，看着卖回来的钱他们欣喜若狂。从此以后他们每天在家等着金蛋，再也不去耕织了。

靠着这只鸡，他们渐渐富裕起来了。盖起了漂亮的房子，生活也开始奢侈起来。渐渐地，他们的野心开始膨胀，开始想要别人想象不到的财富。每天只生一个，钱来得还是太慢了。一天妻子对丈夫说："既然这鸡每天能生一个金蛋，那它的肚子里肯定有很多金蛋，不如把它给杀了，说不定我们一下就可以拥有一座金库了。"

丈夫很赞同，于是把鸡杀了，可是剖开鸡膛后发现跟普通鸡没什么区别，一个蛋都没有，他们非常懊悔。上天目睹他们的行为很生气，把他们的财富全部化为清风，他们又像过去一样一贫如洗。但是他们却无法像过去一样快乐，一直生活在相互指责之中。

夫妇俩为何最终不但一无所有，而且失去了以往的快乐呢？就是因为他们不懂得知足。这个故事和普希金的《渔夫与金鱼》有着异曲同工之妙。在读这些故事的时候，我们总是会发自内心地嘲笑主人公的不知足，但事情真的发生在我们自己身上时，又有多少人能够做到知足常乐、见好就收呢？

当我们在单位获得晋升时，心里充满的不全是喜悦，还有如何才能让自己更进一步的设想；当我们在公司获得加薪时，我们的心里得到的不仅是充实，还有对于更高薪水的进一步渴望。我相信，拥有这样心理的人绝不占少数。

百尺竿头谁不想更进一步呢？然而在我们挣扎着想要迈出下一步时，请务必要看好下一步是更高的成就还是深渊，否则的话，你很可能一失足成千古恨，因为自己的不知足而摔得粉身碎骨。

今天说起韩国汽车，大家首先想到的是现代集团，然而当初韩国汽车界的龙头老大却是一个名叫大宇集团的企业。大宇集团是由其董事长金宇中一手创立的。金宇中出身贫寒，但靠着自己一步步地努力，终于取得了令人瞩目的成绩。

在巅峰时期，大宇集团的年销售额将近两千亿美元，在全球五百强企业中名列第四十三位，是不折不扣的巨无霸集团，是韩国人民心目中的骄傲。然而最终大宇集团破产了，原因就在于董事长金宇中的不知足，在已经将企业做成全国瞩目的集团之后，金宇中又妄想使企业成为世界第一大企业，因而大量借债发展产业，将触手深入到近百个行业当中，终于因为不善多种经营而失败。一个挺过了1997年金融风暴的“航空母舰”却毁在了自己这个“舰长”的手里。

知足是一种人生态度，是一种幽幽释然的情怀。有了知足的心态，我们就能放弃那些虚妄的追求，而没有了那些虚妄的追求，我们就不会把自己引向灾祸。

《郑伯克段于鄢》这篇文章我们上中学的时候都学过，郑伯已经对弟弟共叔段一忍再忍、一让再让了，但最终弟弟还是身首异处。这悲剧是什么原因造成的呢？归根结底就是弟弟的不知足。

共叔段要扩大城池招揽百姓，郑伯依他；共叔段要把郑国北边、西边的边邑据为己有，郑伯也给他。得到了这些的共叔段还不满足，居然聚集人马要抢哥哥的王位，那郑伯肯定不能答应。于是在鄢之战中，共叔段和他的不知足一起走向了灭亡。

知足常乐，贵在自我调节，我们都是成年人，应该懂得如何将自己从纷繁的世事中解放出来，如此才能独享个人妙趣横生的空间，才能发现自己内心的快乐因素。

知足者能够不为世俗所纷扰，将所有的精力都放在自己的兴趣上，因此才能将烦恼和压力抛到九霄云外，才能真正体会到生活的乐趣。

十个指头还不一般齐

每当看到那些轻易就获得成功的人，想想自己努力了这么久却一无所获，你是否会有一种不公平的感觉，进而觉得委屈，害怕自己永远也比不上别人呢？每当这时，长辈们就会教育你要看开些，别人有别人的好，你也可以有你的好，何必一定要追求公平呢？“十个指头伸出来还不一般齐呢！”他们如是说。

孟子说“不患寡而患不均”，连我们的老祖宗都知道公平是矛盾的根本所在，然而绝对公平的社会却不存在。有人可能会否定这种说法，认为过去的原始社会和那理想中的共产主义社会不都是公平的吗？

然而，即便这两种社会真的有广泛的公平存在，那也只是相对的公平。人的地位、财富可以实现公平，但长相、身高、智力等内在因素又怎么能够实现公平呢？

有的人长得漂亮，人见人爱，有的人则其貌不扬；有的人天生聪慧，有的人却资质愚钝；有的人体魄强健，有的人却有先天残疾……不公平的现象从我们一出生就已经出现。当人渐渐地长大，慢慢步入社会，不公平的现象还将越来越多，境遇、人缘、运气等不一而足。所以说绝对公平是根本不可能存在的，不公平永远是人类社会的主题。

既然绝对公平是不可能实现的，那么当不公平的现象出现在我们面前时，我们应该怎么做呢？当不公平的现象出现时，大多数人都会慨叹、懊恼甚至怨天尤人。然而这些做法都不可能改变不公平的现实。

那么，与其这样在不公平中让自己的情绪变得越来越差，还不如保持良好的心态去面对不公平，淡定一些、积极一些，把对不公平的不满化作动力，努力做好自己应该做的，这样反而可能在一定程度上弥补人生的不公平。

有这样一段话：如果一早醒来，你发现自己还在呼吸，那么上天已经对你够好了，因为在你睡觉的时候，已经有几十万人离开了人世；当你起床之后，你有现成的早饭可以吃，身上有衣服穿，那上天已经对你够好了，因为你要知道，这个世界上还有一半的人每天要为自己的衣食无着发愁，为了一顿饱饭，他们甚至要付出生命的代价；如果你发现自己的身上还有现金，银行里还有存款，那么你已经足够幸运了，因为像你这样的人，在世界上不超过十分之一；如果你身体健康，父母健在，没有遭到战争和灾难的威胁，那么恭喜你，你已经是世界上极少数的幸运者当中的一个了。

其实每个人的人生都充满着不公平，当你觉得自己委屈，想要抱怨的时候，想想那些连抱怨的机会都没有的人，你是否会觉得自己其实还不错呢？有句话叫“心境决定一切”，多数情况下，当你遭遇不公平的时候，你其实是拥有改变的机会的，只不过你的目光只关注在自己的那些委屈上，全然没有注意到罢了。

有一位“倒霉”的年轻人，总是抱怨上天对自己不公平，他选择了却自己的生命。当他进入天堂之后，向上帝抱怨说：“如果你哪怕只垂青我一次，我也不会这么早就结束自己的生命。”

看着这个委屈的年轻人，上帝叹了口气说：“你年轻聪明，壮志凌云。你不想庸庸碌碌地度过一生，渴望名声、财富和权力。因此，你常常在我身边抱怨：那个著名的苹果为什么不是掉在你的头上？那藏着“老珠子”的巨贝怎么就产在巴拉旺而不是在你常去游泳的海湾？拿破仑偏偏能碰上约瑟芬，而高大英俊的你为什么总没有人垂青？

“于是，我想成全你，先是照样给你掉了一个苹果，结果，你把它吃了。我决定换一个方法，在你闲逛时将硕大无比的卡里南钻石偷偷放在你的脚边，将你绊倒，可你爬起来后，怒气冲天地将它一脚踢入阴沟。最后，我干脆就让你做拿破仑，不过像对待他一样，先将你抓进监狱，撤掉将军官职，赶出军队，然后将你抛到塞纳河边。就在我催促约瑟芬驾着马车匆匆赶到河边时，远远听到‘扑通’一声，你投河自尽了。唉！你说我还能为你做什么？”

我们有时会慨叹命运的不公，但其实并没有想到，真正让这种不公长久伴随我们的，其实是我们的内心。人生没有绝对的公平，只有相对公平。想要获得更多，那也必定要比别人承受更多。

没有谁的成功是不需要付出任何努力的，所以请尊重每一个努力的人，尊重他们付出后所得的成果。不要轻易地蔑视或破坏，别总觉得世界不公平，要知道每一份成功背后的辛酸都是刻骨铭心的。

不公平是客观存在的，我们追求公平，但却不能苛求生活给自己绝对的公平。当我们遇到不公平的事情时，没有必要怨天尤人，也没有必要自怨自艾。虽然，不公平在很多时候会让我们感到痛苦，但是过多的不满和抱怨会加深这种痛苦。只有看淡不公平的事情，它才不会在我们的心里造成涟漪，我们才不会因此而愤世嫉俗，甚至失去对生活的信心。

寻找公平的人只能在寻找中蹉跎一生，创造公平的人却可能用自己的双手为自己带来公平。

动嘴是懒蛋，动手是好汉

当你抱怨生活不如意、事情不顺利时，你是否曾经注意观察过你身边的那些长辈？他们可是很少抱怨的。是什么让他们变得不抱怨呢？是岁月中的经验告诉他们，无论如何抱怨都无济于事，动嘴永远也不如动手。

生活中，有些人抱怨领导、抱怨同事、抱怨朋友、抱怨家人……他们似乎对所有跟他们有接触的人或者跟他们有关系的事都会抱怨个不停。也正因为无休止地抱怨，使得这些人每天都怀着灰暗的心情，呼吸着沉闷的空气。每个经过他们身边的人，都能够从内心深处感受到他们身上的那股戾气。

当你要抱怨老板不能给自己提供良好的发展空间时，那就努力去提升自己的工作能力，让他对你刮目相看；当你抱怨加班太频繁时，你就应该去想办法提高自己的工作效率，在 8 小时之内完成你的工作；当你抱怨薪水太低时，你可以选择和老板谈加薪或者跳槽，只要你能够让自己的工作能力对得起更高的工资……大家看，其实在每一种貌似合理的抱怨背后，都有一种更好的选择，那就是——改变自己。

阿根廷作家路易斯·冈萨雷斯在阿根廷国内动乱时选择了避难欧洲。当他到达西班牙时，已经身无分文。因为他的本职就是写作，因此便想找个图书公司的翻译工作借以糊口，再加上他的母语就是西班牙语，因此他认为自己的谋生之路应该不会太困难。

可令他没有想到的是，几乎他联系的所有公司都寄回来同样的回信："由于现在本国经济不太景气，我们暂时不需要这样的工作人员，所以，所有的应征者将不予录取……"其中更有一封回信是这样的："关于这份工作，您的念头似乎错了，而且是太异想天开了！本公司现在并不需要翻译人员，而且即使将来需要，也不至于雇用你，因为你们阿根廷人的西班牙语实在是太差劲，你给我们的求职信中满是错别字！"

路易斯看了那封回信后火冒三丈，心中大骂对方才是个蠢货，因为对方的回信同样也是一大堆错别字。于是他立即奋笔疾书，打算好好修理一下那个家伙，给他一个难堪。但就在信寄出前一秒，路易斯突然冒出了一个念头，"先等等，也许事实确实正如那人所说，我的西班牙语的确不怎么样。虽然这是我的母语，但相隔两个半球也许真的会让我们之间产生很大的差别，稍不注意的犯错也是在所难免的。因此，如果我想求职，就非要加强学习、提高对西班牙语的熟练程度不可！这不正是对方在鼓励我吗？那么，我应该好好感谢一下人家才对！对了，那就写封感谢信吧！"

于是，他把那封待寄的信撕了，重新又写了一封完全相反的信："承蒙贵公司不嫌麻烦地回信，在下不胜感激。另外，对我自己在上一封信中所犯的错误，在此致歉。今后我一定更加努力学习，以祈不再犯错而贻笑大方。承蒙指教，不胜感激！”

没想到，两天后，路易斯再度收到该公司的回信，而回信竟然是邀请他去面谈，而最终他也得到了那份工作。

路易斯可以选择抱怨对方对自己的轻视，而一开始他也确实这样做了，至少他的内心是这样想的。不过好在关键时刻他忽然醒悟，明白自己的抱怨不会得到工作，反而只会令对方更加轻视自己。

不止一次，我们听到在别人指责某人、批评某人时，某人喋喋不休地抱怨，但抱怨的结果却往往是对方更为猛烈地回击，最后直驳得他无言以对。

对于这样的人，我们只能说他是咎由自取，因为他本可以有另一种选择，那就是用行动去改变自己，让别人由批评变成称赞。

“士别三日当刮目相看”，这是三国时期孙权对手下爱将吕蒙的评价。当年孙权批评吕蒙说他“不学无术”，吕蒙想以军务繁忙为由搪塞过去，但没想到孙权以自己为例予以反驳。最后吕蒙只好发奋求学，终于得到了孙权如此的评价。

“军务繁忙”是抱怨，但也是事实，不过如果有决心、肯动手，那么可抱怨的事实不是也发生了改变吗？只要我们愿意，可抱怨的事情有很多，然而如果我们愿意，我们也可以用行动让一切可抱怨的事情都得到改变。

如果事情的本来面目并不让我们满意，是继续在不满意中抱怨，还是选择用行动让它变得令我们满意，选择权其实就在我们自己手中。

改变不了的事情，抱怨也于事无补，可以改变的事情，那抱怨就更不如行动，既然无论事情如何抱怨都没有任何作用，那么你为何还要抱怨呢？

忍一时风平浪静，退一步海阔天空

“忍一时风平浪静，退一步海阔天空”，这是老人们经常挂在嘴边的一句话。老话讲“忍字心头一把刀”，以此来形容忍耐的难得。

无论是谁，在人生中总会遇到不如意的事，这些事可能来自环境，也可能来自他人。当不如意的事情发生时，我们或许会愤怒，或许会沮丧，或许会想要报复，或许会想要逃避，然而无论选择哪一种，其实都只是一种情绪的冲动，对于改变事情起不到任何作用，只会让人在冲动中丧失理智，进而让状况变得更糟。

有句话叫“冲动是魔鬼”，指的就是我们上面提到的状况。如何才能将魔鬼从我们身边赶走呢？那就要忍住内心的冲动，靠忍耐力去控制自己的情绪，强迫自己冷静下来。

一位历史老师在讲课时不经意间提到过这样一个现象，他说在动乱年代，一些知识分子在遭受无尽的苦难后选择了自杀，然而自杀的人当中却很少有历史学者，这是为什么呢？是因为历史学者通过对历史的熟悉懂得一个道理，那就是无论多么差的境遇都会有转变的一天，因此往往会选择忍耐。

很多人最终没有成就大事并不是因为他没有成大事的能力，而是因为没有熬过成大事的苦难。这样的例子屡见不鲜，比如我们中华民族第一个浪漫主义诗人屈原就是这样一个没有熬过黑暗的人。

屈原姓芈，名平，是楚国的贵族，与当时的楚国国君楚怀王为同族，因此颇受楚怀王的信任。屈原曾先后任左徒、三闾大夫，经常与楚怀王商议国事，并受命参与法律的制定，其受重用的程度可见一斑。

屈原主张章明法度，举贤任能。他改革政治，联齐抗秦，提倡“美政”，这一系列政纲可以说都是强国之策。在屈原的努力下，楚国国力也确实有所增强。然而与其过人的才能不相称的是，屈原的性格却并不像一个成熟的政治家，他性格耿直到了有些自傲的程度。在修订法规的时候，不愿听从上官大夫的话，再加上平时对令尹子兰、上官大夫和怀王宠妃郑袖等人多有得罪，因此一时间饱受责难。

后来，也正是因为这些人在楚怀王面前不断进谗，终于使楚怀王疏远了屈原。公元前305年，秦国派出张仪出使，意欲与楚国结盟。屈原看出了秦国的狼子野心，因此极力反对楚怀王与秦国订盟，但却因为之前失去了楚怀王的信任而没有得偿所愿。最终楚国还是彻底投入了秦国的怀抱，而且屈原还被楚怀王逐出郢都，开始了流放生涯。

在流放之时，屈原又惊闻噩耗，楚怀王在其幼子子兰等人的极力怂恿下被秦国扣押，囚死于秦国。虽然事情本就在自己的意料之中，但还是给屈原带来了沉重的打击，他开始变得越来越灰心丧气。

楚怀王死后，楚襄王即位，屈原继续遭受迫害，并被放逐到更远的江南。终于在公元前278年，楚军为秦军大败之时，屈原彻底失去了对未来的希望，怀着无比沮丧的心情，投入汨罗江之中殒身。

屈原是位伟大的诗人，但他却不是一位伟大的政治家。在《离骚》中有这样的词句："屈心而抑志兮，忍尤而攘诟。"屈原告诉我们，当遭遇不公时，应该委屈心志压抑情感，暂时忍耐，从而等待"云开雾散"的那一天，然而他自己却没有做到这一点。

一位伟大的政治家或是成功者，只是心里明白该怎么做还不够，还要真真正正地做到。屈原无疑是一位说到却没有做到的典型。

二十四史中，无论我们翻开哪一本，都会看到曾经遭遇屈辱但最终"翻盘"的故事，而这些人无一不是采取了"抑志忍辱"的做法。

当然话虽如此，但当屈辱真的扑面而来时，"抑志忍辱"却不那么容易做到。也正因为如此，能否承受屈辱才成了考验一个人是否能做大事的试金石。一个有大志向的人，不会为暂时的屈辱而影响心志，即便是一时的愤怒委屈，他们也能够很快淡定下来，用豁达的胸襟去面对所遭受的磨难，甚至还能够苦中作乐。

廖沫沙这个名字也许很多读者有些陌生，他曾是“文革”著名冤案“三家村”的成员之一，在当时几乎尽人皆知。值得一提的是，“三家村”的另外两个成员也非常有名，他们分别是邓拓、吴晗。虽然卷入同一桩冤案，可三人的境遇却各有不同，邓拓和吴晗二人在“文革”中先后罹难，而廖老却“奇迹般”地活了下来。廖老是怎么熬过那段艰苦岁月的呢？靠的就是抑志忍辱。

廖老曾说：“我凡事不着急，遇事想得开，有点阿Q精神。”在十年浩劫中，廖老常“自嘲”解闷：“我本是一个小人物，林彪、‘四人帮’那么一搞，竟使我‘举世闻名’了。”

一次他和吴晗一起被揪到某矿区批斗，他看到吴晗愁眉苦脸，低垂着头，为解两人的烦恼，他低声对吴晗说：“咱们现在成了‘名角’了，当年北京‘四大名旦’出场，还没看我们‘唱戏’的人多咧。”吴晗高兴起来，问：“那我们唱什么戏呢？”廖老说：“我们唱的是《五斗米折腰》。”

不仅如此，就连在“文革”时检讨自己的《交代材料》，廖老也总是写得风趣幽默，使专案组的人员哭笑不得。在某次《交代材料》的开篇，廖老这样写道：“专案组：发生‘通货膨胀’，原定写五页，写了二十多页。而且还删去几大段，没有抄上。怎么办呢？请你们裁度。不过我希望保住全文，以便暴露我的思想情况，让领导看得清楚。”

看看这文笔，我们就不难读出廖老这种苦中作乐的心态了。有了这样的心态，试问又有什么苦难熬不过呢？人生如同走路一样，难免会有坑坑洼洼、高低不平的时候，一帆风顺的道路只存在于梦想中。在面对不利局面的时候，一个成熟的人会选择忍耐，因为硬碰硬是鲁莽的做法，只有能够收起锋芒，学会忍耐的人，才能获得最后的成功。

我们必须明白，“抑志忍辱”不只是豁达的人生态度使然，其实也是一种特殊情形下的聪明。在特殊的形势下，你可能会在人格和精神上遭到巨大的污辱，但如果你是一个真正的聪明人，是一个胸怀天下的好汉，便不能斤斤计较，而应该着眼未来，不做无谓的牺牲。

人生须往远处看，看得远了，看到出路了，你眼前的恶劣环境也就没那么难以忍受了。

任凭风浪起，稳坐钓鱼船

“任凭风浪起，稳坐钓鱼船”，每当听到这句话，我就会在脑海中勾勒出一副智者的模样，任凭世人无端地诋毁、造谣，他仍能够稳住自己的心绪，让谣言随清风自行散去。

当那些完全不属实的诋毁之词出现在我们周围时，相信任谁都会“怒从心头起，恶向胆边生”，更有甚者恨不得把造谣者揪出来暴打一顿。

然而我们无从去查询到底谁是谣言的始作俑者，那么对其进行还击也就谈不上了。

虽然我们无法直接还击造谣者，但是却有另外一个办法能够让造谣者大失所望，那就是忍住内心的愤怒，不为谣言所影响，只安心做自己该做的事情。造谣者的目的就是扰乱我们的心神，但我们忍住了愤怒，没有为其所扰，那么造谣者不就是白费了一番心机吗？

西汉昭帝驾崩之后，霍光担负起了为汉王朝寻找下一任帝王的重任。因为昭帝没有子嗣，所以下一任皇帝必须从皇族中选择。最终霍光选择了出身民间的皇族刘询，也就是后来的汉宣帝。

汉宣帝刚一即位，朝廷就立即有一个谣言流传开来，谣言称霍光之所以选择刘询就是因为刘询出身民间，在朝廷中根基非常浅，很容易控制。因为霍光名为辅政，实则监国，所以有可能把宣帝废掉，自己当皇帝。

我们要知道，在汉王朝那样的封建社会，对皇位有觊觎之心可是非常危险的，一不小心就容易被皇帝因忌惮而诛杀。因此对这个致命谣言，霍光身边的人都非常害怕。可令人惊讶的是，虽然身边的人害怕，但作为当事人的霍光却无动于衷。他并没有用实际行动来辟谣或还击谣言，也没有试图寻找和惩罚传谣者，而是每天仍然照常上朝、办公。

伴随着霍光的淡定，传谣的人可能也觉得无趣，不久之后谣言就自行烟消云散了。

霍光难道就不怕这些谣言吗？恐怕未必，霍光也不是三头六臂，怎么可能不怕可能会害得自己掉脑袋的谣言呢？只是他心里明白，无论是愤怒也好，还是辟谣也好，都无济于事，只有忍住内心的恐惧和愤怒，让时间来证明自己的清白，才是最正确的方法。

《原毁》里有句话："事修而谤兴，德至而毁来。"一个做事的人难免会触动别人的利益，被触动利益的人无法直接回击你，那就只能选择谣言这种杀人不见血的刀了。

在谣言面前，一个成熟的人应该做到有气度，而有气度的表现就是淡定。不要让自己有过激的行为，忍住内心的冲动，采取一种清者自清的态度，让事实去说明一切。在近代历史上，清华大学校长梅贻琦先生就为我们树立了一个很好的典范。

"卢沟桥事变"爆发后，北平、天津已经处在了日军的包围当中，各大学都不能按时开学。在与国民政府教育部磋商之后，当时北京大学、清华大学和南开大学三校校长决定在西部设立临时大学，使三校师生能够正常上课。校址最初选在长沙，之后又迁到了昆明。

联合大学成立之初，南开大学张伯苓校长对北大蒋梦麟校长说，"我的表你戴着"，这是天津俗语"你做我代表"的意思。蒋梦麟则对清华大学校长梅贻琦说："联大校务还请月涵先生多负责。"就这样，联大最后的管理责任就落在了梅先生肩上。其实以年龄来算，梅先生在三人中是年纪最轻的。

当时无论北大、清华还是南开，都是国内乃至世界著名的名校，学科设置纷繁复杂，人员众多，因此合并所带来的各种问题层出不穷，而这些问题最终自然是要摆在梅先生面前的。再加上由于战事，学校经费一减再减，这让很多问题处理起来都非常棘手，自然也就难免会出现偏颇。

偏颇越来越多，慢慢谣言也就起来了。这些谣言多是关于梅先生在经费上偏袒清华，对待三校师生不能一视同仁，等等。面对捕风捉影的谣言，梅先生身边的人都为他打抱不平，然而梅先生却能泰然处之，像没事发生一样，不为其扰乱心神，仍旧把全部精力用在处理校务和教学方面。

谣言因为是出于恶意，又都以攻击、诋毁他人为目的，这自然会让人感到愤怒，然而想拥有过人境界的人，就应该有过人的心态。动辄因为别人的闲言碎语暴跳如雷，这样的人又有什么资格获得比别人更大的成就呢？

谣言如同细菌，虽然无孔不入，但对抵抗力强的人却起不了任何作用。谣言杀伤力的大小，完全取决于一个人的修养和气度。对于一个修养好、气度大的人来说，即便无数次听到关于自己的谣言，也绝对不会为之动气。他会保持沉默，深吸一口气，然后闭口不语。因为他知道他无法左右别人说话的权利，别人有说话的自由。只要自己行得正，对自己有信心，那么根本没有必要为暂时的误解和别人恶意的歪曲而担心，因为事实与真理会随着时间的推移而水落石出。

当然，这里所说的理智面对谣言并不是任由谣言蔓延下去，而是在谣言中保持平稳的心态，忍住内心的冲动，无论是保持缄默也好，还是进行反击，都应冷静应对。只有心绪平静才能保证你的行为不失控，即便是反驳别人也能够有理有据，不至于让自己陷入别人故意布置好的陷阱。

谣言止于智者，一方面说的是智者能够分辨出谣言，另一方面则是指智者能够从容应对身边的谣言，不让它伤害到自己。

金无足赤，人无完人

当你发现身边某人的身上全都是缺点，进而满腹怨气时，长辈们会劝你忍耐一些，他们会告诉你“金无足赤，人无完人”。

不知道读者是否看过侯耀文先生一个著名的相声《小眼看世界》。在相声中，侯先生将一个处处不满别人，气人有、笑人无的人很好地诠释出来。侯先生在相声中饰演一个处处嫉妒别人、对身边所有人都不满的城市小市民。这个小市民先后不满意自己的邻居赵黑子、王老师、老赵家二小子、老孙家二嫂子，到处找人家的毛病，抓人家的过失，挑拨人家家庭不和，给人家的生活制造障碍，最后非但没有让别人怎么样，反倒把自己气进了医院。面对前来看望他的邻居，他终于羞愧得无地自容。

先别说别人是否真的有毛病，即便是真的有毛病又和自己有什么关系呢？然而在我们的生活中，不少人还真的就是在扮演着侯先生在相声中的角色。对于别人的优点视而不见，对别人的缺点则抓住不放，仿佛不给别人挑出点毛病来自己就缺点什么似的。殊不知越是这样做，自己的生活就越是无趣。

人与人之间的关系是生活的重要组成部分，而想要双方关系良好，那就不要总是挑别人的毛病。试问谁没有毛病呢？当你因为某些毛病被鸡蛋里面挑骨头的时候，你有什么感受呢？相信心中肯定不会甘之如饴吧！那么既然如此，就不要试图去挑别人的毛病，否则你就会成为一个处处受人排挤的孤家寡人。

俗话说“水至清则无鱼，人至察则无徒”，没人喜欢总是被人苛责，因此想要得人心就要懂得容忍，想要得到别人的拥护就要把眼光放到他的长处上面。

分清你与人交往所需要的是什么，这才是一个成熟的人应该做的，就像是你去看病不能因为大夫长得丑就不看了，你去求教不能因为老师爱啰唆就不学了。与人交往的道理也是一样的，如果只把目光放在别人的缺点上，那么你永远也找不到与自己为伍的人。

因此，我们在与人交往的时候要尽量把心放宽一些，别总是盯着别人的缺点不放。让自己多一些宽容和忍耐，这样你的人生之路也会因此变得宽广起来。

在马萨诸塞州的某个小学课堂上，一位老师拿出一张上面有一个黑点的白纸问同学们看到了什么，同学们齐声喊：“一个黑点！”

老师听后很沮丧，他说：“怎么这么大的白纸没看到，只盯着一个黑点？这样将来你们的一生将是非常不幸的！”整个教室鸦雀无声。

稍后，老师又拿出一张上面有一个白点的黑纸，又问同学们看见了什么，这次同学们学聪明了，高喊：“一个白点！”这次，老师欣慰地笑了，说：“无限美好的未来在等着你们！”

这个老师的用意很简单，就是借此向孩子们说明人与人相处的道理，你的着眼点不同，反映在你内心的感触自然就不同。我们是否也有些感悟呢？我们为什么总是对别人不满？是不是就是因为我们只是将目光放在了别人的缺点上呢？

懂得了这个道理，相信在今后与人相处时，你也会明白自己该怎么控制自己的目光了。美国众议院著名发言人萨姆·雷伯说：“如果你想与人融洽相处，那就多原谅别人的缺点吧。”

与其盯着别人身上的缺点，甚至拿着放大镜无限放大，给自己制造烦恼，不如多看看别人身上的好，如此反倒可以让自己拥有愉快的心情。

牛不低头喝不着水

每当我们为自己的一点成绩而洋洋得意时，每当我们在他人面前表现得盛气凌人时，长辈们就会教育我们“牛不低头喝不着水”，进而要求我们放低姿态。

现在流行一个词叫“范儿”，这本是京剧界的行话，意思是演员唱念做打都要符合标准，做得最好就最“有范儿”。但不知道什么原因这个词却在整个社会流传开来，用来形容一个人有气势、有派头。

演员要“有范儿”，这很好理解，因为他要扮演剧中人物，如果没有“范儿”就演什么都不像了。但生活中我们却一定要“有范儿”吗？其实未必。记得当初看一档访谈节目，访问的是著名演员葛优，在谈到演员戏里戏外生活的时候，他就说过这个问题。他认为，在戏里“有范儿”很正常，但生活中则完全没有必要。比如你演一个皇帝，戏里你威风八面，对别人颐指气使那叫“有范儿”，但回了家你也对老婆孩子以及亲戚朋友颐指气使吗？那就没什么意思了。

因此，人还是应该随和一点的好，把姿态放低一点，你的生活也会因此和谐很多。如果你总是故作姿态，你自己不感觉别扭，相信别人还看不顺眼呢！

当然有人会问，一个人身上难道不应该有过人的“气势”吗？对此应该这样理解：在工作中我们处于不同的地位可以有不同的气势，但生活中是完全没有必要的。一个领导者，你在单位可以有“君临天下”“驾驭万邦”的气势，这也许会给你管理下属带来很大便利，但如果生活中也如此，那便利恐怕就变成不便了。

聪明的人都不会过于在乎自己的气势，在生活中、工作中他们会刻意放低姿态，用平等的身段来对待任何人，如此一来，他就必然会得到他人的爱戴。

比如说曹操，在同时代很多人都用孟子那句“望之不似人君”来形容他。作为挟天子以令诸侯的强势人物，对下属的生杀大权可以说是只手掌控，曹操的地位不可谓不高，但他却完全没有权臣的“范儿”，可以说也正因如此，才使得曹操那么受人爱戴。

据说曹操非常喜欢参加下属的聚会，下属过生日的时候他总是抽出时间到场，每次聚会时曹操都和大家玩儿得很尽兴。有一次陈琳讲了一个笑话，一旁的曹操听了笑得前仰后合，把胡子都扎进面前的肉汤里去了。试想面对这样的人，又有谁还会因为害怕而疏远他呢？谁又不愿意多亲近呢？

然而说起来很简单，真的做起来又非常不容易。尤其是对于有些年轻人，好不容易有了成绩，能够扬眉吐气了，突然间要求他不“翘尾巴”“端架子”恐怕是很难的。然而也正因为难才更应该这样做，俗话说“舍君王之尊，得天下之势”。当你真的能够忍住内心虚荣的情绪，放低姿态来对待别人时，你会发现较之于虚荣的满足，你会得到更多。

我们都知道松下集团的创始人松下幸之助，他从贫困家庭中走出，靠着一己之力取得了举世瞩目的成绩。但对于松下幸之助的成功之路，相信就没有多少人知道了。

松下幸之助23岁开始独自创业，29岁就成为日本最高收入者，然而真正使松下取得长足进步的不只是他过人的才智，其中起更大作用的是他低姿态的行事方式。

在第二次世界大战结束以后，松下在事业上和生活上都出现了挫折。其实这并不都是由于他的错误造成的。但松下的做法是反省自己。他反省自己造飞机、制木船的最初动机，认为那是因为年轻人的血气方刚和小有成就后的炫耀之心，尤其是对于后者，他曾多次在公开场合对自己进行深刻的反省和批评。

当朝鲜战争来临时，由于管理得当，松下公司出现了重大转机，这时他反倒将功劳归于下属和社会，他待人接物的谦逊程度比以往更甚。比如，他在和别人谈话的时候，总是自己责备自己，不断地找出自己的不足之处。

当企业取得令世界瞩目的成就之后，松下重新定位了自己的企业。他不把自己当成一位有所成就的企业家，而是当企业界的小字辈，他也不把松下电器当成一个“小巨人”，而是将它当作一家刚刚起步的新企业。当然，松下并不是鄙薄自己和松下电器，而是站在世界企业界的高度审视、评价自己和松下电器。由此，他提出了“重新开业”的口号，其实那时的松下公司已经拥有40

年的历史了。

在日本，松下幸之助被尊称为“企业之神”，是日本企业家、富商们的集体偶像，其尊贵程度可见一斑，然而即便有这样的气势，松下幸之助依然能够屈尊对待身边的每一个人。这也许就是松下集团长久不衰、松下幸之助永远受人爱戴的原因吧！

《易经》说：“君子藏器于身，待时而动。”盛气凌人的姿态就像是一把双刃剑，既可以披荆斩棘，又可能会伤到自己。一个不懂得收敛气势的人，无论何时都摆出一副尊贵的架势，虽然可能会让人敬畏，但却得不到别人衷心的拥戴；而当他把架势收起来之后，虽然可能会让他身上的光环变得暗淡，但却可能为自己积攒下丰厚的人脉。

其实，放下姿态说到底还是一个忍耐的问题。如果一个人控制不住内心对权位、面子这些虚荣的追求的话，那他绝不可能屈尊放低姿态。如果想要获得他人拥护，让自己生活在一个受人爱戴的环境中，还是应该尽量忍住内心“务虚名”的冲动，保持一颗平常的心来看待功名利禄。在功成的时候淡定一点，在名就的时候坦然一些。

水深流曲慢，贵人语话迟

当一群人讨论问题时，我们看到越是年长的人越是说得慢、说得少，这是为什么呢？因为他们懂得“贵人语话迟”这个道理。在他们看来，只有那些懂得隐忍的人才是真正的聪明人。

俗话说“病从口入，祸从口出”，话语是人与人沟通的工具，但同时也可能会给人带来祸患。在生活中，我们经常能够见到那些因为一言不慎而引起误会或冲突的现象，每当这时，我们都会下意识地替惹祸的人着急：他为什么说话不能注意点呢？

为什么说话不能注意点呢？这是因为很多人在发表意见的时候，本身就没有“走脑子”，只是因为抑制不住自己的冲动，脱口而出，说完才意识到自己闯祸了，但往往为时已晚。比如，我们熟悉的著名悲剧人物杨修就是一个这样的典型。

杨修出身名门望族，加上天生睿智，很受时人推崇。然而也正因如此，让杨修养成了恃才傲物的性格。不过如果只是恃才傲物倒也罢了，杨修还有一个致命的毛病，那就是不够矜持，不懂得控制情绪，总喜欢卖弄自己的学问，如此就为他以后的悲剧埋下了祸根。

比如有一次，曹操翻新了宅院的后花园，花园修好之后，曹操提笔在匾额上写了一个“活”字挂在了门楣上。看到丞相写了一个“活”字，很多人都不明白其中的奥秘，只有杨修一看，立即张口说道：“门里一个‘活’字那不就是‘阔’吗？丞相是嫌这门修得太阔了！”

再比如曹操疑心很重，曾宣布自己好梦中杀人，以此想警惕那些意图对其不轨的手下。有一次，曹操半夜将被子踢掉了，一个内侍过来给他盖被子，结果被他当场杀掉。事后曹操非常痛惜，命人将那内侍厚葬，并再次对众将言说他那“梦中杀人”的毛病。

听了丞相此话，众将都没有说什么，但没想到的是，杨修却当着众人的面大咧咧地说道：“丞相非在梦中，君乃在梦中耳。”结果从此便招致了曹操的记恨。

杨修不光喜欢显摆，还好为人师，他与曹操之子曹植交好，因此经常为曹植出谋划策。曹操为了给自己选接班人，曾经考查儿子曹丕和曹植的能力，经常给他们出题。按理说这是家事，外人不应该跟着瞎掺和，可是杨修却管不住自己的嘴，经常帮曹植答题。有人把此事告诉了曹操，杨修的处境可想而知。

后来曹操兵进斜谷吃了败仗，在进退游移之间，随口传令以“鸡肋”为夜间口令。一听这口令，杨修知道又到了自己“抖机灵”的时候了，于是让随从准备归程。一时间大家都知道曹操欲归之意，于是纷纷做起了退兵的准备。曹操夜里心烦意乱，出军帐散心，看到此情此景不禁勃然大怒，盛怒之下便斩了杨修。

杨修之死可惜吗？可惜！但却绝非无辜。他之所以落得个身首异处的结果，归根结底还是因为管不住自己的嘴。其实言由心生，心绪怎么样，就有怎么样的言语和行为。因此类似杨修这样管不住自己嘴的人，实际上是忍受不住内心那种有才没地方显摆的寂寞，所以才会不顾后果地显摆自己。像杨修这样毫无城府、一点忍耐力都没有的人，别说本身没什么了不起的才华，即便是有才华，也会因为一次次的显摆而招致别人的忌恨，进而把原本属于自己的机会给扼杀了。

“宣室求贤访逐臣，贾生才调更无伦，可怜夜半虚前席，不问苍生问鬼神。”这是唐代诗人李商隐写给贾谊的一首诗，在诗中李商隐把贾谊那种郁郁不得志的悲哀描写得淋漓尽致，让后人对贾谊产生无限的怜悯与同情。然而李商隐没有指出的是，贾谊的不得志在很大程度上其实是拜自己所赐。

贾谊是河南洛阳人，才高八斗，年少成名。当地的太守吴廷尉听说他饱读诸子之书，因而对他非常器重，每次地方上遇到什么棘手的大事，吴廷尉都把贾谊请到府中，询问他的意见。在贾谊的帮助下，吴廷尉的政绩一天好过一天，而贾谊也逐渐成为名重一时的青年才俊。

不久，刚刚登上皇位的汉文帝下求贤诏，命令天下各地推荐有贤能的人才进入朝廷。借此机会，吴廷尉向汉文帝推荐了贾谊，汉文帝立即把贾谊奉为博士召到宫中。这一年贾谊只有二十多岁，正值少年得志，可谓意气风发。

每当汉文帝遇到棘手的问题召集群臣议事时，贾谊每次都能轻而易举地应付，汉文帝自然对此非常满意。相比之下，那些文武朝臣就显得有些捉襟见肘。因此，虽然他们口头上对贾谊表示钦佩、自叹不如，但是心中却隐隐不快。

因为贾谊的出类拔萃，使得汉文帝对他十分欣赏，总是极力地提拔他。不到一年的时间，贾谊就当上了侍中大夫。他自认为天下大治，就自作主张，草拟新的礼仪法规。他把黄色定为尊色，服装全部以黄为上；他自行设定权位等级，设置官名及其职能。这样一来，由秦朝传承下来的朝廷纲纪被更改得面目全非。

大臣周勃、灌婴、东阳侯张相如和御史大夫冯敬平时就很反感贾谊，现在看他肆无忌惮地修改传统制度，便趁机搜集贾谊的缺点，在汉文帝面前一一陈述："贾谊此人虽然有些才学，但是现在擅自修订法制，未免有篡权的嫌疑，皇上不可不防。更何况现在天下被他弄得一团糟，还请皇上明察。"

汉文帝细细回想贾谊的所作所为，也觉得他有些恃才放旷，于是就开始疏远他，最后将其派到长沙做长沙王的陪读老师。而贾谊也就从此远离了政治中心，告别了最高舞台，这使得他非常郁闷，整日唉声叹气，终于积郁成疾，年仅 33 岁便忧郁而死。

贾谊固然有才，但却没有用对自己的才华。他只知道外露而不知道收敛，最终为人所忌惮排挤，落得一个凄惨的结局。

因此，当你内心也有一股想展示自己的冲动时，切莫不顾一切地表现出来。你要学会先冷静一下，思量一下目前的境况是不是真的适合自己显示才能，如果不适合的话，那么一定要忍住卖弄的冲动，切不可因为图一时之快而葬送了自己的前途。

逞一时之快者做不成大事，因为机会只会光顾那些懂得隐忍的人。至于那些喜好卖弄的人，他们的机会已经在屡屡逞一时之快中消耗殆尽了。

第三辑

量小非君子，无度不丈夫

凡事留一线，他日好相见

什么是恶人？恶人不是把人打倒的人，而是把人打倒之后还要踹上几脚的人。恶人做事，往往不留余地，因而，对于恶人，人们总是保持着一致的愤恨。我们不要做恶人，因为恶人终究不会有好下场。正如有句老话说得好：凡事留一线，他日好相见。

世界的本质是运动，这个世界上唯一不变的就是永远在变。这个世界上本没有什么绝对的事，因此与人相处时，我们不要把事情做得太绝，凡事留有一些余地，日后才可能有回旋的余地。生活中我们往往可以发现，某个人说“绝对”什么什么的时候，往往后面其实不是那么回事，为什么？因为世界上本没有绝对的事。某个人绝对好？某个人绝对坏？不见得。

法律上有个名词叫“防卫过当”，意思就是说当别人侵犯我们的时候，我们可以反击制服他，但不能过度。比如一个小偷偷了我们 50 元钱，我们可以把他送到派出所，但我们不能剁掉人家的一只手。这个世界上什么事都由一个“度”在支配，真理跨过去一步就是谬误，把事情做得太满，往往就是犯错。

如果细心体会生活，我们可以发现，当把话说得太死的时候，往往堵住的是我们自己；把事情做到没有空隙的时候，我们也就不好回头了。

“凡事留一线，他日好相见”代表了一种气度、一种智慧，尤其在当今信息发达的时代，这种处世智慧更是很可能给我们带来巨大收获。当今社会，网络发达，信息丰富，人们之间接触的机会很多，每个人都面临着很多的“人脉”，我们中间好多人觉得对一个人好与不好无所谓，伤他一下又何妨，反正多的是结识人的机会。但其实不然。我们何不反过来想一想呢？正是人与人之间接触的机会很多，我们反而更应该珍惜每一次机会，机会加机会，就形成了机遇群。当我们把话说得太死的时候，就失去了一个和人联系的机会，而当我们秉承“凡事留一线，他日好相见”的策略，以后有机会了，他人也很容易想到我们。

“凡事留一线，他日好相见”是一句老人言，不但在现代社会适用，在过去更是得到了千百次的印证，这是符合人性规律的，是可以穿越时空的普遍性真理，是我们祖祖辈辈的智慧遗产。

唐宋八大家之一的苏轼曾任杭州太守，名满天下。有一次，一个叫吴味道的书生运送一批货物到京城贩卖，冒用了他的名号。税关的检查人员觉得这事有些蹊跷，便将吴味道连同货物一起押送到了苏轼那里，由他处理。

苏轼端坐在大堂之上，吴味道被押解上来。只见这个书生身上背一个大包袱，包袱上贴有封纸，上书“杭州通判苏轼送京师苏侍郎宅”，苏侍郎就是苏轼的弟弟苏辙，但这张纸上没有写明苏辙的具体地址。“杭州通判”是苏轼十多年前担任过的官职，这也是被税关的检查人员看出破绽的地方。

苏轼问吴味道为什么要冒用他的名号运货卖货，吴味道诚惶诚恐地说：“学生家徒四壁，却又屡试不中，此次上京赶考，顺道买了两百匹建阳纱，想带到京城卖掉后赚些盘缠用度。想到您名满天下，所以斗胆冒大人之名，原想省一些关税银两，现在事已至此，学生任凭大人责罚。”

苏轼仔细观察这个书生的一举一动，判断出吴味道不是好逸恶劳的狡诈之徒，他是因为家贫，才一时之间有了偏差的念头，于是决意宽大为怀，帮他一把。苏轼命令左右人取下吴味道身上的包袱，摘掉封条，亲笔题写了一个封条：“杭州太守苏轼送京师苏侍郎宅”，并附上了自己弟弟苏辙的具体地址。这样，吴味道就一路顺利到达了京城。

次年，吴味道中了进士，感激之余专程来拜访苏轼。于是，苏轼又多了一个得意的学生和贤达的朋友。

苏轼本可以惩罚吴味道，但他宽容待人，可以说将“凡事留一线，他日好相见”演绎到了极致，他不但“他日好相见”，而且“他日喜相见”。假如苏轼把吴味道痛责一番，当然可以耍出威风，却少了一些威望。也许就把一个才子打压下去了，吴味道的命运就可能改写。

反之，如果对“凡事留一线，他日好相见”这句老人言不以为然，也是会碰钉子的。

民国时，靳云鹏曾在北洋政府任国务总理，后来虽然在政变中离职，但致力于创办实业，是有名的经济人物。他还好佛信佛，跟朋友共同出资，创办了有名的天津佛教组织“居士林”，信徒众多。

卸任后的靳云鹏虽然是闲云野鹤，但名重一方，还是很有社会影响力的，历任天津地方官都对他尊敬有加。抗战胜利后，张廷谔当上了天津市长，在他眼里，靳云鹏只不过是一个有点名气的社会贤达，无权无职，没什么尊重的必要。

当时靳云鹏在“居士林”前面的电线杆上镶了一座大莲花灯，以利于开展佛教活动，上书“南无观世音菩萨”，张廷谔看不惯，找了个“有碍交通”的理由，命人拆除了。靳云鹏好几次托人说情，希望能把灯镶上，但张廷谔不留情面，每次都拒绝了，他觉得不这样做显不出自己的威严来。

不久，蒋介石到了北平，命张廷谔去请一下靳云鹏到北平议事。这时张廷谔傻眼了，但不得不执行命令，于是张廷谔硬着头皮去请靳云鹏。他内心满是不安地踏进靳云鹏的府邸，靳云鹏怒气冲冲地拍着桌子说：“莲花灯都拆除了，你还来干什么？”张廷谔尴尬得无地自容。

其实像张廷谔面临的尴尬之事，我们很多人都遇到过。回想我们的生活中，我们在骂人时、批评人时、伤害人时，当时感觉很爽，但事后未免有些后悔，更重要的是我们会发现，以后再也没有机会和对方合作或联系了。导致我们的路越走越窄，越走越累。

山不转水转，人不转路转

老人言：山不转水转。两座山没有碰到一起的时候，两个人却总有要打交道的时候，因此无论对何人何事，都要学会给自己留一条后路。你要明白今天别人对你的态度是帮助还是为难，恰恰就在于你昨天以什么态度对待他。今天你把别人得罪到底，等人生“转回来”时，你就会发现自己的道路也同样被人堵死了。

不知道你是否注意到这样一种现象，现在很多有心计的年轻人，在跳槽时不会一走了之，只要有可能，他和以前的同事还是会保持联系，甚至和原来的老板也绝不轻易割断联系。这又是为什么呢？先来看一个故事。

甲是某公司的员工。在这个公司里，甲过得很不开心，因为不但薪水少，还要经常来公司“义务”加班。后来，甲选择了辞职，跳槽到同行业的另一家公司。

同事们都认为甲必定是恨死老板了，因此都等着看他离职时会如何发泄对老板的不满。然而令大家惊讶的是，在告别的时候，甲非但没有说老板的任何坏话，在离开之后还经常回来看看老板和大家，为此很多同事都非常不解。然而后来发生的一件事情，却让大家看到了甲的聪明所在。

甲的新单位因为某项业务上的问题要同其前公司进行交涉。交涉进行得很不顺利，在最关键的时候，甲主动请缨提出由自己来负责交涉，而最终他也凭借自己和前老板的关系成功地把事情办成了。事情办成之后，甲自然是得到了嘉奖，没过多久还得到了晋升。

甲离开了原公司，但却不和原来的老板闹翻，为的就是留一条后路给自己。像甲这样的人才是真正有远见的人。

山不转水转，两个人在社会上“行走”总难以避免彼此之间发生联系。假如今天你帮我一把，那么明天你需要帮助的时候我就会伸出援手；但如果今天你暗算了我一次，那么明天你落到我手里时我就自然不会给你“好果子”吃。聪明人应该看清这一点，因此在与人交往时不要把事做绝，要给自己留一条后路。

曾经有一部非常火的电视剧名为《潜伏》，相信大多数读者都看过。有人说该剧简直就是社交指南，因为剧中很多情节都涉及我们社交中要注意的事项。比如，李涯暗算陆桥山以至于最终让陆桥山吃里扒外的行为为站长获悉，站长要严惩陆桥山，而余则成赶来劝解的那个片段就令人印象十分深刻。

对于陆桥山吃里扒外的行为，站长怒不可遏，扬言要将其就地正法。此时，余则成赶到了，面对暴怒的站长，余则成是这样劝解站长的：“陆处长和郑介民的关系在那里呢！是，您就地正法了他，郑局长也不能说什么，但面子上终归是过不去的嘛。以后咱们天津站难免还要与上面发生什么问题，到时候因为这事儿，郑局长扔下一双小鞋来，您说您是穿还是不穿。两边都难受！干脆就直接把他送南京算了，让郑介民自己处理。你要是还出不了这口气，把报告写重一点不就完了嘛！”

当时的背景需要交代一下，吴敬中是保密局（即军统）的天津站站长，而郑介民是保密局的局长，也就是说吴敬中实际上也算是郑介民的下属，当然，吴敬中这个下属的权力比较大，并且不直接为上级郑介民所控制。

陆桥山是郑介民的老乡，也是他的小老弟，如果吴敬中杀了陆桥山，那就等于和上司郑介民撕破了脸皮，从此以后就再也不好有什么交往了。然而作为上下级，天津站和保密局总是难免要进行沟通的，到时候郑介民要是找些问题为难吴敬中呢？那吴敬中就只能受着了。

最终这件事是怎么解决的，看过电视剧的读者都知道，陆桥山被送回了南京交给郑介民处置。因为吴敬中也不是傻子，作为官场上的老油条，对于“山不转水转”这个道理他是一定懂得的。

在与人交往的时候，有一点我们是一定要牢记的，那就是“十年河东十年河西”，在社会上没有谁能够永远处于强势。谁没有个“走窄”的时候呢？如果你在为难的时候发现面前的人是你曾经得罪过的，后悔可就晚了。

如果注意观察，在生活中我们就会看到这样的场面：有些人无论到什么地方都能找到朋友，无论做什么事情都有人帮助；而另一些人则不然，这些人无论到什么地方都能碰到敌人，很多事情本来一帆风顺却因为仇家捣乱而最终功亏一篑。这两者孰优孰劣，读者自然一目了然。究其原因，就是后者不懂为自己留条后路。

那些四处树敌的人，他们之所以有如此下场，是因为他们总喜欢把事做绝，把脸皮撕破，以至于让身边“经过”的大多数人成了敌人；而那些从不与人撕破脸皮，与人交往总要留条后路的人，经过他们身边的人自然就都成了他们的“朋友”。

所以我们说，无论与什么样的人交往，我们都要给自己留一条后路。每次控制不住自己的情绪要和对方撕破脸的时候，你都要想到以后如果有求于对方会怎么样。如此就不至于让你的行为走入极端，进而做出让彼此以后不好见面的事情。

成大事者不拘小节

老人言："成大事者不拘小节。"在生活中每个人都不免会遇到一些"小节"，比如别人不小心的冒犯，比如眼前的一点利益之争。对于这些，老人们告诉我们要懂得无视，对人对事都不要斤斤计较。而能不能听懂并按照老人们的话去做，就是一个人能否走向成熟、成功的关键了。

生意人做一笔生意之前都会先算计一下自己可能挣多少和赔多少，白领在选择跳槽之前也总会算计一下自己下一份工作和现在工作的待遇差别。类似这种算计在我们每个人身上都会发生。人总是会下意识地计算自己的得失，这是人类共同的特点。也正因为有所算计，才使得人总是能够做出有利于自己的选择。这样看来，算计似乎是一件好事。

但是，凡事都有两面性。算计没有错，但要看算计什么。如果一个人总是把算计的方向定在眼前的蝇头小利上，总是喜欢斤斤计较，那他的算计可就不再是一件好事，反而成为阻碍他成功的绊脚石了。

郑莹是英国一家著名商学院的毕业生。回国后她和其他海归一样，力图用自己的知识和能力开创一份属于自己的事业。然而，在她选定好方向并着手实施之时，却遇到了很多问题，以至于到处碰壁。为此她苦恼不已。

郑莹的能力自不必说，选择的创业方向也没有问题，并且她还拿到了一大笔风投，经济后盾也有了，那为何还是遭到了失败呢？这其中的原因就在于她的性格。郑莹的各方面条件从小就优于周围的人，一直是父母和亲友的骄傲。她无论在哪儿总会成为核心，因此也就养成了她极度骄傲的性格。在这种性格的驱使下，郑莹对周围的人和事总是带有一种吹毛求疵的态度，在任何事上都表现得斤斤计较。

郑莹的这种性格在学校里和家庭里自然有人迁就，可是到了创业领域就不行了。员工因为她的斤斤计较而纷纷跳槽，合作伙伴因为她的斤斤计较而选择散伙，甚至她在求别人办事的时候也总是喜欢斤斤计较，这就无端地给公关效果蒙上了一层阴影。斤斤计较让“经过”她身边的每个人都痛苦不堪，而没有人脉的人想取得成功，就无异于天方夜谭了。

一个开酒店的大老板如果每天都为了土豆、白菜的进价和菜农算计那块八毛钱，那他这酒店就肯定开不下去；一个指挥作战的将军如果每天都和士兵们计较着装等内务问题，那他也就没时间去研究战略战术了。

一个人是什么身份，就应该有其计较的方向，酒店老板应该关注酒店的发展战略、客户群体的消费需求，至于土豆、白菜的价格，就应该让供应部门去管；将军应该去研究战略指挥，关注如何发挥部队最高战斗力，至于士兵的着装等内务问题，交给手下的操行长官就可以了。同样，我们要想成就大事，也要从大处去算计，而不要为了鸡毛蒜皮的小事和人斤斤计较。

电视剧《大宅门》里有这样一个细节：

白家的厨子手脚不干净，偷东西被白景琦逮了个正着。对于这样的家贼，白景琦自然是不能放过，要狠狠地教训他。这时，白母出来拦住了儿子，她告诉白景琦："老话说厨子不偷，五谷不收。他一个下人，你跟他计较什么？你要是真把他打个好歹的，他一家老小可怎么活啊？你就缺那两袋白面啊？算了，算了，就当你送他了不就完了？"

听听白母这话多么厚道。也正因为能说出这样的话，办出这样的事儿，才使得白母能受到全家上下的一致拥戴，连一贯和白母作对的老三白颖宇最后也对白母俯首帖耳。

华人商界的代表人物、香港首富李嘉诚认为：一个人是不可能完成所有事情的，因此就要学会团结别人，向别人寻求帮助。在这种情况下就要学会"容人"。一个能够容得下他人的人才有可能积累下雄厚的人脉资源，也才有可能获得成功。

而且，与人斤斤计较，对蝇头小利放不开，不仅让我们的事业更加艰难，同时也让我们生活中的幸福少了很多。一个事事都计较的人，他失去的不仅仅是快乐，还有更珍贵的东西。做人不要太计较得失，努力改变自己，努力适应失去，这样我们才能得到更多东西。一味计较、抱怨并不能改变任何问题。

比尔·撒丁是挪威历史上最著名的音乐家。他年轻时曾经去法国报考举世闻名的巴黎音乐学院。但不幸的是，尽管在考试中他竭力将自己的水平发挥到最佳状态，但主考官还是没有录取他。

但他并未因此放弃，而是选择留下来，等待来年再次报考。留下来的比尔为了养活自己，来到学院外不远处一条繁华的街上，在一棵榕树下拉起了琴。他拉了一曲又一曲，吸引了无数人驻足聆听。饥饿的比尔最终捧起自己的琴盒，围观的人们纷纷掏钱放入琴盒。

这时人群中走出一个无赖，他鄙夷地将钱扔在比尔的脚下。比尔看了看无赖，最终弯下腰拾起了地上的钱递给无赖说："先生，您的钱掉在地上了。"无赖接过钱，重新扔在他的脚下，再次傲慢地说："这钱已经是你的了，你必须收下。"比尔再次看了看无赖，深深地对他鞠了一躬说："先生，谢谢您的资助。刚才您掉了钱，我帮您捡了起来，现在我的钱掉到了地上，麻烦您帮我捡起来。"

看着比尔的举动，无赖愣住了，许久才缓过神来，然后捡起地上的钱放入比尔的琴盒，灰溜溜地消失在人群中。在一旁的围观者中，一直有一双眼睛默默关注着这一切，他就是之前的那位主考官。比尔的行为感动了他，最后他将比尔带回学院并将其录取。

生活中，我们总是会遇到很多人不善的举动，在这种时候，有的人会选择忍让，也有的人会选择还击。而实际上，我们生活的内容远非如此简单。因为，人与人之间重要的不是忍让，也不是争斗，而是相处。在生活中，我们应该与人为善，不能斤斤计较。

我们身边总有这样一些人，他们每天总是愁眉苦脸，很少见他们有开心的时候。但当我们问他们因何事而犯愁的时候，得到的答案却总是因为一些可有可无、鸡毛蒜皮的小事。这种人每天我们都能见到。仔细想想，其实有时候，我们自己不也是如此吗？有个陌生人无意中踩痛了我们的脚，我们不但无法释怀，反而确信自己应该生气……这种事不也是每天都发生在我们身上吗？

一个想成功的人，无论事业如何，心胸都应该开阔一些。身处社会生活中，人与人之间的交流是人生中的一个重要环节。有交往就会有摩擦，没有什么是不能原谅的，斤斤计较只是在破坏我们的幸福和快乐。无论对什么事情，对什么人，尽量多一些愉悦和宽容，制造一种宽松的环境，我们会有意想不到的收获。

所谓“睚眦必报”“鼠目寸光”，就是别人踩你一脚，你想着要踩回去。这样的你不可能受人拥戴，如果连眼前的蝇头小利都要计较，那你就不可能成大事。

低头的是麦穗，仰头的是稗子

站在稻田中一眼望去，哪根是麦穗哪根是稗子一目了然，因为麦穗总是低垂着“头”，而夹杂在它们中间的稗子却直挺挺地昂着“头”。只要认清了这一点，就能够把稗子一根根清除。

曾经有人问老子：“您是天下最有学问的人，那么您能告诉我天与地之间的高度是多少吗？”

“三尺！”老子回答说。

那人笑道：“除非是婴儿！不然我们每个人都至少有五六尺高，如果天与地之间只有三尺，那人不是要把天都顶破了？”

老子回答说：“是啊，所以凡是高度超过三尺的人，如果想安然立于天地之间，就要懂得低下头来。”

天只有那么高，所以想要容于天地间，人就要学会低头。这也就是老人们为什么总是教导我们“头不可昂得太高，锋芒不可太露”的原因了。头抬得太高就必然会被撞破，锋芒毕露就必然会受到折损，这个道理自古皆然。

一个有能力却锋芒毕露的人，他会让周围很多人感到威胁，进而联合起来抵制他。这样的人最终的遭遇很可能就是不容于他人，轻则怀才不遇、潦倒一生，重则如同稻田里的稗子，最终难逃被清除的厄运。

隋朝有个诗人叫薛道衡，自幼聪慧过人。相传他13岁时能讲《左氏春秋传》，因此名重一时。有才华就难免恃才傲物，无论何时，薛道衡总是摆出一副舍我其谁的姿态，尤其喜欢在文辞上与人争锋，很多人都被他奚落过，因此对他怀恨在心。

隋炀帝时，薛道衡被召到洛阳为官。春风得意的他变得更加高傲。薛道衡曾作《高祖颂》，颂扬隋文帝杨坚。该颂文辞优美，让同样自视文采飞扬的隋炀帝不禁有些妒忌，于是便对他产生了厌恶的心理。趁此时机，御史大夫奏本参薛道衡“自负才气，不听训示，有无君之心”，而一旁过去被薛道衡奚落过的人也赶来落井下石。在众口一词的声讨声中，本就厌恶他的隋炀帝最终处死了薛道衡。一位大诗人就这样“凋零”了。

薛道衡之死，隋炀帝自然要负主要责任，然而薛道衡自己也并非一点责任没有。试问，如果不是薛道衡平时锋芒毕露，屡屡在“文墨官司”上得罪他人，又怎么会在落难之际只有落井下石者而不见人对他伸出援手呢？由此可见，无论是从与人交往的角度来讲，还是从保全自身的角度来说，锋芒毕露都不是理智的行为。

宋代大词人苏东坡在《贺欧阳少师致任启》中有这样一句话："大勇若怯，大智如愚。至贵无轩冕而荣，至仁不导引而寿。"这句话是什么意思呢？就是说：真正勇敢的人，看外表好像很胆怯的样子；才智出众的人，从表面看来却好像很愚笨。真正尊贵的人不靠华丽的服饰炫耀自己但依然高贵，真正讲仁义的人不靠别人指导却仍能够择善而终。

苏东坡这段话告诉我们什么道理呢？那就是一个人的才华和锐气最好隐藏起来，即便是有所表现也应该自然而然。不要为了表现而表现，更不可过分暴露。

《菜根谭》也说："聪明人宜敛藏，而反炫耀。是聪明而愚懵其病矣！如何不败？"这句话就是告诉我们，一个才华出众的人，应该是不因为有才华就傲视他人，对才华要做到深藏于内而不显于外的。一个人如果总是自以为多么了不起，总是喜欢在人前过分炫耀自己，那他怎么可能不失败呢？这一点，薛道衡就是大家的前车之鉴。

一个完全没有才华的人，和"乐不思蜀"的阿斗有什么区别？这样的人虽然不会让人产生坑害之心，但也不会有什么过人的成就。成就最终来自才华！因此一个既不想成为别人攻击的对象，又想获得成就的人，最重要的就是要善于利用自己的才华。把才华当作一柄利刃，需要披荆斩棘的时候就拿出来为自己开路，不需要的时候就将其束之高阁，以免因为锋芒毕露而刺伤他人，误伤自己。

想想，一世豪杰刘备是因何能够游走于袁绍、吕布、曹操和刘表的手下，却从不被别人加害的？就是因为他懂得藏住自己的锋芒。试想如果他时时锋芒毕露，那么恐怕早在袁绍手下时就被诛杀了，又何来以后的蜀汉霸业呢？

你光有成就大事的才华还不够，要想成就一番事业，首先还要学会遮住自己的锋芒，不要还没成事就成了别人的靶子。今天你把头低下去暂时忍耐一番，明天是会有你的出头之日的。

锋芒毕露，狂妄自大，将才华当成资本去人前炫耀，你满足的是一时的虚荣心，得到的却是无穷后患。

天不言自高，地不言自厚

蟋蟀总是发出讨人厌的聒噪，但寿命却没有小小的蚂蚁长；鹦鹉能够学人说话，但最终却被人类驯化成了宠物。越是喜欢吵闹的东西，就越没有本事。人也是如此，一个人总是喜欢自我表扬，那恰恰说明他没有获得别人认可的实力。你什么时候见过那些功成名就的人总是对着别人自夸不已呢？

听赵振铎和赵世忠老师的传统相声《八扇屏》，里面赵振铎的一段话让人印象非常深刻，赵振铎老师说："天不言自高，地不言自厚，人不言自能，水不言自流，金砖何厚，玉瓦何薄，自大一点念个臭字，难道你不懂吗？"一句话把赵世忠老师说得哑口无言。

赵振铎老师说这段话的背景是什么呢？是赵世忠老师吹嘘自己的能耐，赵振铎老师看不过去，所以想要教训他一下。当然，两位老师的对话只是相声中的表现需要，然而也为我们说明了一点：为人不可对自己过于吹嘘，否则肯定会引来别人的反感。

一个人越是炫耀什么，就代表他越是缺少什么，自夸的人也是如此。一个人越是喜欢在某方面自我吹嘘，反倒恰恰说明他缺少这方面的资本，不过是用自我吹嘘的方式来掩饰内心的虚弱罢了。

也许你要说，如果只是想给自己找一个心理上的安慰，那么自夸看起来也没什么坏处。但其实并非如此，要知道自夸所能够带来的安慰只是一时的，而所造成的影响却是久久挥之不去的。

一方面，一个人的自我吹捧短时间内可能让人无法分辨，但只要时间足够长，人们是迟早会明白他到底有多少本钱的。而当人们认清了他自夸的真相之后，对他的态度就自然而然会发生根本性的改变，从此，他便再难以获得他人的信赖了。

某人去报社应聘，随身带了好几张学历证明，还有一些他署名的文章，面试的时候还时不时地对面试官拽两句外语，蹦出几个外国著名记者的名字，这一切给了面试官很好的印象，觉得他是个人才，因此当即拍板把他招入了报社。

然而不到3个月，他就被报社辞退了。原因是什么呢？因为在实际工作中，领导发现他一无是处，什么都不会干。一篇几百字的简讯都要写3天，独立采访就更不能胜任了。实在没办法，领导将其调到了别的部门，专门负责翻译外国网站的新闻和摘要，但却发现他的外语水平和初中生差不多。终于，在忍无可忍的情况下，领导对他作出了解聘决定。

此人没什么真本事，那他面试时带来的材料是哪儿来的呢？原来学历是他买的，那些署名为他的文章也是他找人复制粘贴的，而那些英语和外国记者名字也都是他临时抱佛脚背下来的。他为什么这么做呢？无非是想要拔高自己，能够进入报社。但他却忘了进入报社只是第一步，接下来是实际工作的检验。

自夸的另一个害处更大。谎言重复千遍会让自己也相信，自夸的人也是如此。一个人总是在别人面前吹嘘自己，久而久之连自己也相信自己真的有那么大的本钱了，然而等到真的用到这些的时候，却发现自己原来一无是处，到时候所遭受的打击往往让他难以承受。

某女士是一位特别爱卖弄自己的人，对于自己的一切都喜欢自吹自擂。她有个上高中的孩子，学习成绩也就是中等，但她却总喜欢在别人面前吹嘘。一天，单位一个同事的孩子高考成绩刚刚出来，离一本线差 4 分。看到同事正在苦恼，她意识到自己又有自夸的机会了，于是上前假惺惺地安慰同事说："没关系的，谁家的孩子不会遇到这样的事啊！就拿我家的孩子来说吧，明年也要高考了，但今年的摸底成绩却只有 600 多分，可真叫我头疼啊！"

该女士总这么吹嘘自己的孩子，渐渐地连自己也相信自己的孩子真的是上一本的材料了。但一年之后，她孩子的高考也结束了，最后成绩出来离二本线还差一大截呢！该女士受不了打击，整个人瞬间就变得颓废了。

自夸、卖弄其实就是一种欺骗，欺骗别人的同时也是在欺骗自己，虽然满足了一时的虚荣心，但最终吃亏的还是自己。所以为人切记对自己不如意的地方不要自矜自夸，即便是有得意的地方，也还是低调为好。

元代诗人王冕有句诗说："不要人夸好颜色，只留清气满乾坤。"一个成熟的人，就应该有王冕诗中的这种气质，低调、不自夸，如此才不至于因为吹嘘过度而成为别人的笑柄，也不至于让自己迷失在自矜自大、自我堆砌的幻影中无法自拔。

追慕虚荣，以至于自我卖弄，是一种腐蚀人心灵的毒药。它会让人迷失本性，进而走上人生的歧途。

竹高空心，人高虚心

老人言：“竹高空心，人高虚心。”越是有本事的人，在人前就越是谦卑，因为他们知道自己有本事，所以即便把姿态放低一些也无所谓。然而那些没本事的人则恰恰相反，他们需要用张扬的行为来掩饰自己内心的恐惧，就自然与谦卑无缘了。

在金庸先生的小说《射雕英雄传》中，降龙十八掌的第一掌叫“亢龙有悔”，这一招的名字可不是金庸先生随便起的，之所以叫这个名字，其实是有深刻含义的。

“亢龙有悔”出自古代典籍《易经》，为乾卦的第六个阳爻的爻辞，这四个字是什么意思呢？“亢”指的是高亢，意思是至高无上的，“悔”不是指悔恨而是指灾祸，这样这句话就可以理解为居于高位的人应该有所警觉，否则很容易招致灾祸。

那么再联系小说中的情节，郭靖从一个愣小子一步步成为独步武林的大侠，这一路上步步高升，也确实遇到了很多灾祸，但却能屡屡化险为夷，靠的就是警觉。然而我们也知道，以郭靖这般鲁钝的头脑，他能警觉什么呢？其实答案就在郭靖的个性里面，郭靖生长于大漠，自幼质朴诚实，因此多是以真诚和谦卑的姿态处世，而谦卑也就是他逢凶化吉的法宝了。

金庸先生将“亢龙有悔”作为郭靖接触高深武功的第一招，实际上就隐含着郭靖谦卑的性格。郭靖的“亢龙有悔”给了我们什么样的启示呢？在与人交往的时候，无论对方是什么人，无论对方身份高低，我们都应该始终保持一颗谦卑之心，以恭敬的态度待人，由此才能够让自己的人生道路走得更加顺利。

然而不幸的是，知道“谦卑”这两个字的人多，能够做到的人却很少。尤其是很多年轻人，刚一进入社会，带着一股初生牛犊的冲劲，谁都瞧不上，谁都不放在眼里，别说让他们谦卑，就是让他们待人客气一点恐怕也很难办到。这样的年轻人，即便是自身真有本事，也难免会吃亏。

刘影从小就喜欢舞文弄墨，大学学的也是文学专业。大学毕业之后，他如愿以偿地进入一家出版集团，成了一名杂志社编辑。得到了梦寐以求的工作，这让刘影兴奋不已，并立志要做出一番大事。

然而等到做具体工作的时候，刘影失望了，因为领导分给他的工作根本就不是他渴望的文字创作，而是给老编辑打下手。除了做一些文稿的脚本，刘影还要经常帮社里跑出版公司、联系作者、接待客户，甚至给人订火车票。“这哪里是文字创作，完全就是打杂嘛！”刘影抱怨道。

有了这样的抱怨，就会产生极端的情绪，渐渐地刘影开始消极怠工起来，很多工作都不好好完成，一门心思地想着偷懒，经常被领导训斥。终于，有一次因为没有按时完成领导交代的任务，刘影又被领导叫到了办公室。面对暴风雨般的斥责，刘影一时没耐住性子，居然当面和领导顶撞起来，结果被辞退了。

直到离开杂志社，刘影也不知道问题出在哪里，为什么一份心仪已久的工作，却是这样的结果？刘影倍感沮丧，从此对文字创作失去了热情。

问题出在哪里？就出在刘影的心态上。他不懂得谦卑，一开始就想当主角，太想一口吃个胖子，结果非但没抢到主角的位置，连配角的位置都被剥夺了。

我们换个角度思考，如果刘影谦卑一点，对领导服从一些，扎扎实实从基础工作做起，未必没有成为主角的那一天。刘影现在为给老编辑打下手而愤愤不平，然而那些老编辑不也是从为其他老编辑打杂开始，一步步熬到今天这个位置的吗？

因此，对于一个还在立身阶段的人来说，谦卑是第一位的。人生在世，谁不想成为主角呢？然而主角的机会就那么容易得到吗？自然不是。在没有成为主角之前，你得先沉得住气。要知道，跑龙套其实是成为主角必经的道路，如果连龙套都跑不好，又有谁能够放心让你担任主角呢？

相反，如果你能够在配角的工作上稳扎稳打，即便是一个龙套的机会也一丝不苟地去抓住，那就是在为你的主角之路积蓄能量。等到有一天，成为主角的机会摆在面前时，你才能够迅速抓住，并立即“入戏”。

1996年的某天，当效力于西甲俱乐部巴塞罗那的“外星人”罗纳尔多在比赛中进球时，巴塞罗那的教练席跃起一群教练与替补球员，主教练罗布森高举双臂庆祝。然而世人没有注意到，在罗布森旁边还有一个兴高采烈的年轻人，此人就是今天名震世界、家喻户晓的“狂人”穆里尼奥。

穆里尼奥，这个今天足球世界当之无愧的主角，其成功之路其实也是从做配角开始的。担任老罗布森的翻译和助理教练，担任范加尔的助理教练，穆里尼奥早期的教练生涯几乎都是在从事辅助工作。然而，也正是这些配角的经历，让穆里尼奥一方面锻炼了自己的耐性，另一方面也从作为主角的名帅身上积累了足够多的执教经验，这些心理和知识财富对于穆里尼奥非常重要。后来，当一个成为主角的机会（执教“葡超”波尔图队）出现在他面前时，穆里尼奥正是靠着这些宝贵的财富抓住了它，并一步步走向了巅峰。

如果当时穆里尼奥不谦卑地从老罗布森教练的助手做起，那么结果会怎么样呢？自然是被赶出巴塞罗那俱乐部，而之后的学习机会、经验积累也就完全谈不上了，这样一来，即便此后他运气好能够碰上执教某支球队的机会，但能否取得今天的成绩则完全是个未知数了。

一个聪明人，绝不会因为自己有点本事就不谦卑，相反，越是有实力，他们就越是会谦卑，因为他们知道，只有谦卑才能让自己得到机会。如果不谦卑，连跑龙套的机会都没人给你，那还何谈露脸啊！

那么，我们应该如何做到这一点呢？

首先需要克制住自己情绪的冲动。很多人之所以不谦卑，是因为他们控制不住自己的情绪，冲动之下难免会急于表现自己，因此对于一个还不太懂得谦卑的人来说，控制情绪就是他首先要学会的。

在能够控制情绪之后，谦卑的人还要懂得与人合作。有些人认为别人不如自己，进而不想和别人合作，这其实是错误的想法。单丝不成线，独木不成林，一个人的能力再大也不足以成事，若想要成事就必须寻找更多帮助自己的人，而想要让人帮助自己，那就需要拥有谦卑的态度。

同时，谦卑还是一种学习态度。孔子云“不耻下问”，向不如自己的人学习，这是多么大的谦卑，然而也正是因为有了这样的谦卑，才使得我们不断汲取他人身上的养料，才让自己变成一个更强大的人。

第四辑

得之我幸，失之我命

萝卜白菜保平安

一句老话叫“鱼生火、肉生痰，萝卜白菜保平安”，每当我们因内心有太多的追求无法实现而愁眉不展时，长辈们就会教给我们这句话。这句话是什么意思呢？就是要告诉我们，不要追求太多虚华而无用的东西，平淡的生活才是真的幸福。

大家可以先假想这样一种状况：你本来住在一个有些偏僻的乡村，每天过着朴素简单的生活，离你最近的城市也要坐两个小时汽车才能到达。你所住的乡村中，没有什么现代化的娱乐，你的工作就是种田，虽然有时辛苦但并不忙碌，有很多的闲暇时间让你读书、写字、晒太阳，在干净而清新的自然中，你能够体会一切纯天然的美。

然而你厌倦了这一切，你向往灯红酒绿的城市生活，最终你选择搬家，搬到了城市。在城市里，你得到了你向往的快节奏、朝九晚五的工作和工作之后丰富的夜生活，然而渐渐你发现，你的工作让你疲惫，你的夜生活掏空了你的身体和精神，你开始变得麻木。生活虽然变得复杂了，然而你的头脑却越来越简单，只想着什么时候能摆脱这一切。

在现实生活中，处于后一种状况并羡慕前一种状况的人大有人在，否则就无法解释为什么那么多的人宁愿把自己一个月甚至几个月的积蓄掏出来花在西藏、云南这样的地方了。

现如今，我们的生活越来越好，生活内容越来越丰富，然而幸福却变得越来越稀有。很多人过着很好的生活，有着很高的收入，却没有健康的身体和幸福的心灵，这一切都是为什么呢？

想要寻找这一问题的答案，不妨看一看我们一衣带水的近邻日本，我们今天所经历的工业化、城市化进程正是几十年前日本人经历过的，在同样处于幸福缺失的年代，日本人是怎么做的呢？

从 20 世纪 80 年代开始，有一本中国的古代典籍在日本社会各阶层广泛流行，经久不衰，很多日本企业家、政治家和学者都把它作为立身处世的经典，以此来规范自己的行为和思想，这本影响颇深的典籍的名字叫作《菜根谭》。

为何《菜根谭》会被日本各界奉为经典呢？因为随着战后经济的复苏、人民的富足，日本人在越来越繁荣的社会现状中反而迷失了自我，逐渐脱离了生活的真谛，老年人变得空虚，年轻人变得拜金，社会越富足人反而越不幸福。在这种情况下，有些日本人就提倡返璞归真的运动，在他们看来，想要获得充实就要抛开杂念，明白生活的真谛，由此崇尚朴素的《菜根谭》就成了很多人的精神支柱。

日本人找回幸福的道路实际上就是一条返璞归真的道路，放弃那些纷繁冗杂令人眼花缭乱的生活，活得简单一点、平淡一点，幸福就自然会回到我们身边了。我们有句老话“守得住平淡就守得住幸福”就是这个道理。

18世纪，美国曾经有一场轰轰烈烈的西进运动，在当时，可以说全美都陷入了一股去西部淘金的狂热中。就是在这样的背景下，某个密西西比河的岔路口，有两个牛仔正在为去哪儿淘金而争吵。

两个人的意图一样，就是淘到金子然后过上好日子，但关于哪个方向可以实现他们的愿望，两个人却出现了很大的分歧。最终在分歧无法调和的时候，他们在这个河岔分了手，一个去了阿肯色州，另一个去了俄亥俄州。

很快10年时间过去了，去俄亥俄州的那个牛仔果然发了大财，他在那里找到了大量的金子，用这些金子建了码头，修了公路，使他落脚的地方成了一个大集镇。在这个集镇中，他是当之无愧的镇长。而进入阿肯色州的那个牛仔，自从他们在河岔边分手之后，就没了音讯。

转眼50年过去了，两个牛仔都已经相继作古。这天，一个重达3公斤的自然金块在阿肯色州的小石城引起轰动。直到这时，人们才知道了另一名牛仔的下落。小石城《新闻周刊》的一位记者曾写道：“这颗全美最大的金块来源于阿肯色州，是一位年轻人在他屋后的鱼塘里捡到的，从他祖父留下的日记看，这块金子是他的祖父扔进去的。”

原来去了阿肯色州的那个牛仔也同样淘到了很多金子，并且在那里安家落户，有了子孙后代。作为一名淘金者，尤其是18

世纪60年代，在那个正是美国开始创造百万富翁的年代，每个人都在疯狂地追求金钱，可他为什么却要把到手的金子扔掉呢？

后来，《新闻周刊》刊登了他的日记，揭开了谜底。他在其中的一篇日记中写道："昨天，我在溪水里又发现了一块金子，比去年淘到的那块更大。进城卖掉它吗？那就会有成百上千的人拥向这儿。我和妻子亲手用一根根圆木搭建的棚屋、挥洒汗水开垦的菜园和屋后的池塘，还有傍晚的火堆、忠诚的猎狗、喷香的炖肉、山雀、树木、天空、草原以及大自然赠予我们的珍贵的安宁和自由都将不复存在。我宁愿看到它被扔进鱼塘时荡起的水花，也不愿眼睁睁地看着这一切从我眼前消失。"

幸福在哪里？其实幸福就在人的心里。如何能够让自己的心灵更加充实呢？不是灯红酒绿的夜生活，不是一掷千金的富足，也不是熙熙攘攘的人群，而是富有魅力的景色和简单的生活。

在联合国发布的人类发展指数调查报告中，世界上最发达的区域是哪里呢？是繁荣的纽约、伦敦或北京吗？不是的，是瑞典首都斯德哥尔摩，是芬兰首都赫尔辛基，是北欧那些干净、静谧的小城市。

在这些城市中，没有喧闹的人群，没有快节奏的工作，也没有灯红酒绿的夜生活，然而也正因为如此，才使得那里的人有充足的时间享受生活、发现自己身边的美。那里的人有着全世界最高的收入，但却过着全世界最简单的生活。

也许有人会说，那些国家毕竟有着我们难以企及的福利，他们不需要为生计而担心，但是，只要能够保持良好的心态进而做正确的事，那么即便是在这个日益嘈杂的社会，平淡的幸福仍然能够为我们所拥有。

那什么才是正确的做法呢？答案很简单，即前面说过的返璞归真。在很多人的观念中，朴素似乎和艰苦是一个意思，朴素的生活就是艰苦的生活，就是吃糠咽菜，食不果腹，衣不蔽体。但事实上，朴素和艰苦完全是两码事。艰苦是在很差的生存环境下，过一种清贫的生活；而朴素则是在良好的生存环境下，坚持一种本色的生活。

“朴”就是质朴，“素”就是简单，质朴简单不就是人的本色吗？每一个人生下来的时候都是一样赤条条，只不过，在成长的过程中，社会赋予了人不同的角色和地位，给予了人不等量的物质，这才使得每个人的生活不再一样。而那些拥有更多物质的人为了体现自己的优越，势必开始崇尚奢华。

奢华的生活掩盖的是人生的本质，只有朴素的生活，才能让人们重新回归，找回人生的本质，重新获知人生的意义。如果你现在也渐渐地觉得幸福离你而去，那么反思一下自己，是否也充斥了那些功利的念头。如果有的话，摒弃它，让自己过得简单一点、朴素一点，这样幸福就自然而然地回到你身边了。

生活越是复杂，追求幸福所要走的弯路就越多；生活变得简单，幸福自然就唾手可得了。

人为财死，鸟为食亡

每当我们与人争名夺利并为此苦恼时，长辈们就会教育我们“人为财死，鸟为食亡”，以此来告诫我们名利其实是夺走人幸福的罪魁祸首。这些话并非危言耸听，因为在岁月中，他们已经见到过太多因为名利而陷入万劫不复境地的人了。

不知道有多少读者还记得香港 TVB 电视台 1997 年拍摄的电视剧《天龙八部》，该剧的主题曲我们很多人应该仍然记忆犹新。

笑你我枉花光心计，爱竞逐镜花那美丽，怕幸运会转眼远逝，为贪嗔喜恶怒着迷。责你我太贪功恋势，怪大地众生太美丽，悔旧日太执信约誓，为悲欢哀怨妒着迷。啊，舍不得璀璨俗世！啊，躲不开痴恋的欣慰！啊，找不到色相代替！啊，参一生参不透这道难题……

这首歌的词是香港著名填词人林夕所作，从这首歌的字里行间，我们能够看出林夕的真意——人是无法摆脱俗世纷扰的。对于我们的人生而言，林夕这首词填得确实妥帖。对于电视剧而言，林夕这首词填得就更加合适，因为金庸先生在写《天龙八部》的时候，就着重于对人心理羁绊的描写，这一点从《天龙八部》这个名字中我们就能够看出。

对于为何以《天龙八部》为名，金庸先生曾经如此解释："……'天龙八部'这个词出于佛经。许多大乘佛经叙述佛向诸菩萨、比丘等说法时，常有天龙八部参与听法。如《法华经·提婆达多品》：'天龙八部、人与非人，皆遥见彼龙女成佛。''非人'是形容似人而实际不是人的众生。'天龙八部'都是'非人'，包括八种神道怪物，因为以'天'及'龙'为首，所以称为《天龙八部》。"

在书中，金庸先生对各色人的描写，也正应和他对于这八部"天龙"的诠释。比如书中有一个番僧名为鸠摩智的，他就是一个抛不开名利纷扰的典型。

鸠摩智是吐蕃宁玛派高僧，自幼天资聪敏，佛法精深，并且因缘际会得到吐蕃国密教上师的赏识，授之以"火焰刀"神功。之后文武双全的鸠摩智在吐蕃扫荡黑教，威震西陲，可以说已成为一代高僧。

然而，能力和名望越高，鸠摩智就越是重视名利。他开始觉得仅名震西陲还不够，还要名扬天下，更想习得天下无敌的武功，称霸中原武林。在这种功利心的驱使下，鸠摩智渐渐走向邪门歪道。他暗害少林高僧，大闹大理天龙寺，掳走大理国王储段誉，一路作恶多端，完全背离了佛教普法救人的宗旨，成了一名妖僧、恶僧。

后来他盗取少林派易筋经，并强行修炼，没想到绝世武功没有学到，还差点走火入魔，让自己葬身于枯井之下。好在紧急关头被段誉的吸星大法所制，这才保得性命，但一身武功也从此消失殆尽。

不过武功虽然全部被废，但鸠摩智却因此大彻大悟，从此了却了争名逐利的念头，一心修习佛法，终于成了一代高僧。

“福兮祸之所倚，祸兮福之所伏”，鸠摩智因祸得福，终于逃脱了名利的羁绊，不但保全了性命，还因此大彻大悟，这也算是他的造化。看看鸠摩智的故事，我们难道不应该反思一下自身吗？很多时候我们陷入痛苦、焦虑的纷扰之中无法自拔，然而真正让我们陷入其中的不恰恰是我们自己吗？

有一位女士总是抱怨自己生活得不幸福，觉得总是有很多烦心事困扰着自己。为此她向电台的访谈节目求助。主持人在听完她的抱怨之后，就问她烦心的事具体有哪些，让她举个例子来说明一下。于是这位女士就打开了话匣子：

“我现在的薪水只能负担一套房子，但同事们很多人都有两套以上。同事们都有车，我只好贷款买了辆车。邻居家的孩子读的是贵族学校，我也要多挣点钱，好把孩子送到国际学校去读才行。我朋友的老公每年都会送给她价值不菲的生日礼物，而我却是全家一起出去吃喝一顿就算庆祝了。我家的厨房太小了，得换那种中间有个吧台的西式大厨房才行。”

听到这位女士如此的抱怨，相信很多人都只能以苦笑来面对她。在普通人看来，她的生活已经很好了，但她却还不满意，那只能说是她的功利心理在作怪了。其实，我们很多人不也是和她一样吗？本来已经有很好的生活，却总是想要更好，结果陷入了不满的情绪中而忽视了生活本来的美好。

老人言“人为财死，鸟为食亡”，大多数时候，我们之所以陷入苦难的陷阱无法自拔，就是因为躲不开内心追逐名利的念头。想想我们身边，那些为追名逐利而整日愁眉苦脸甚至陷入万劫不复境地的人还少吗？

前几年有部都市电视剧《蜗居》非常火，其女主人公郭海藻的经历实在是既让人恨又让人怜，然而是谁把她推向了这样的境地呢？还不是她姐姐海萍的名利心吗？

经济条件不好的海萍为了攒钱买新房，和丈夫苏淳省吃俭用。苏淳想吃包有点牛肉丝的方便面，偷偷地抽一支香烟，都被她训得一无是处。为了不让老婆失望，不让父母伤心，苏淳借了6万元高利贷。海萍知道后，呼天抢地，要死要活地吵着要和苏淳离婚。最终，无法眼睁睁地看着姐姐婚姻崩溃的海藻选择了出卖自己的爱情，而最终她也把自己送进了深渊。

可怜之人必有可恨之处。很多人只会为自己的郁郁不得志而感到悲愤，进而可怜自己，但却没有人反思，自己所要追求的“得志”是一定必需的吗？自己难道就非要得到那名利双收的“志”吗？

不错，我们每个人都有追求幸福生活的权利和自由，然而这种追求如果是赌上今天的幸福而去博那虚无缥缈的名利，那这所谓的幸福真的还值得我们去追求吗？

所以，不要把名利看得太重，更不要让它蒙住了你的眼睛。过得淡定一点，超然一点，你会发现自己的生活会因此美好很多。

得之我幸，失之我命

在得失面前，长者总是比年轻人淡定得多，这是因为在岁月中他们见到了太多的“忽得骤失”。这些“忽得骤失”让他们明白一个道理，那就是只有保持“得之我幸，失之我命”的心态，才能成熟应对得失给自己造成的心理落差，才能让自己安稳走完人生之路。

有成就必然有败，有得就必然有失。一个人在成功和得到时可以纵情欢乐，但在失败和失去时却很少能够将悲伤情绪合理排遣。

《大腕》这部电影叙述的是北京青年悠悠为国际大导演泰勒承办葬礼的故事。因缘际会，悠悠认识了国际知名导演泰勒，并得到身体每况愈下的泰勒的承诺，替泰勒举办一场别开生面的葬礼。

为了把葬礼办好，悠悠找到好友路易丝·王。在路易斯·王的策划下，两人将泰勒的葬礼完全办成了一场捞钱的表演。随之在葬礼即将举办、两人即将成为百万富翁之际，却得到了泰勒病情好转的消息。悠悠为此躲进了精神病院，路易斯·王更是受不了这种心理落差的刺激，一下子疯了。

剧中人终归是表演，但道理却很现实。我们的生活中充满了赢得起输不起的人，这些人在成功时不懂得收敛以至于纵情声色，到失败之后又不懂得调节心绪从而一蹶不振。这样的人即便是一时成功了，也不可能保有自己的成就。那么一个成熟的人应该怎样看待成败呢？《庄子》中有句话："得而不喜，失而不忧。"得到了不必狂喜狂欢，失去了也不必耿耿于怀、忧愁哀伤，无论是得是失，永远保持一颗淡定超然的心，也只有如此，才可以称得上是一个做大事的人。

得而不喜，失而不忧，这是一种非常高的人生境界。拥有如此高的人生境界的人，相信无论是处于铁瓦金銮的朝堂，还是处于茅顶土坯的江湖，都能够泰然处之。古代著名医学家李时珍就是一个这样的人。

李时珍是湖北蕲春人，生于明朝正德年间，因为家中世代行医，李时珍从小就奠定了良好的医学基础。后来正德皇帝驾崩，李时珍来到了北京，成了一名太医。在太医院，李时珍见到了人世间最富贵繁华的景象，接触了人世间最显赫高贵的人，然而这一切并没有令他陶醉，他明白自己要的是什么——成为一名好医生。

后来，李时珍选择深入民间，到那些最贫苦最卑贱的人当中救死扶伤。从朝堂到民间，从太医到乡土郎中，李时珍没有任何不快，仍然一心一意地对待每一位病人，刻苦钻研每一味药方，亲自尝试每一种草药。

几十年如一日的坚持，终于让李时珍实现了自己的抱负，他编撰了中华历史上最伟大的一本医书——《本草纲目》，并因此永远载入史册，为后世所敬仰。

人之所以那么重视自己的得失，是因为他们将人生是否成功，完全与物质的得失等同起来。比如说，租房子住的人觉得有房子的人比自己幸福，有房子的人觉得住别墅的人比自己幸福，而住别墅的人也以为别人比自己幸福。就是这样，每个人都感觉自己是不幸福的。因此，每个人都拼命地去争取更多的东西，让自己的生活更加“幸福”。然而，物质的增加永远都不会让我们的心灵得到满足，反而会让我们受到物质的负累。佛家说“贪、嗔、痴、慢、疑”是五毒，论起对人心志的伤害，物质的贪婪是第一位的。一个贪婪而又没有自控能力的人，即便获得成功也无异于饮鸩止渴。一个没有什么财富的人，过着简简单单的生活，其人生未必不快乐、不充实。突然间有一天他中了百万大奖，一夜之间暴富。有了钱，自然就要想怎么去花，他的欲望之门被打开了。他不再精打细算过日子，而是整天为去哪些高消费的餐厅发愁，他的生活完全改变了。

不久之后，因为过于膨胀的欲望，他中彩票的钱慢慢挥霍一空，他再次过起了清贫的日子。然而他的心，却再也感受不到过去那种简单的快乐了。因为他吃过了山珍海味，就不想再吃萝卜白菜了，他坐惯了轿车，就不想再挤公交了。但山珍海味和轿车毕竟已经成为过去，而他却只能陷入现实的苦恼中无法自拔。

其实这种苦恼完全是自找的，试想，如果他一开始对暴富就保持一种良好的心态，那么又怎么会有后来的各种苦恼呢？记得曾经看过这样一个故事：

某机关一个小职员一直过着安分守己的日子。有一天，他闲来无事用两元钱买了一张彩票，没想到真的中了大奖。因为平时就喜欢跑车，于是他用奖金买了一辆名车，整天开着车兜风。

然而有一天不幸来临了，他的车子被盗了。朋友们得知消息，都怕他受不了这一打击，便一起来安慰他。可看着前来安慰自己的朋友，他却哈哈大笑对朋友说：“如果你们中有谁不小心丢了两块钱，会悲伤吗？”众人面面相觑。他接着说：“我用两块钱买的彩票，得到了车，现在车丢了，不就是两块钱的损失吗？”

一反一正，这位小职员的心态值得我们所有人学习。其实，人这一生的荣辱都是做给别人看的，跟自己并没有太大的关系。而只有自己过得幸福，那才是人生的真谛。“不以物喜，不以己悲”，得之，我幸；失之，我命。用这种宁静平和的心态对待人生的起伏，那么无论是得还是失，我们都能够描绘出美丽人生的篇章。

不恼不愁，能活白头

老人言：不恼不愁，能活白头。

医学早就证明：不生气，不犯愁，是长寿的秘诀。这样活着也比较有味道，可以活到“舍不得死”的境界，甚至可以活到“朝闻道，夕死可矣”的超然境界。

怎样活出生命的精彩呢？首先必须回答一个问题：怎样才算没有白活？

生命的质量如何体现？活得快乐、幸福，活得有希望、有爱，才算有质量。情感体验越丰富美好，质量越高。

生命的价值从何而来？你必须创造、奉献一些大家喜欢和乐于接受的东西，人生才算有价值；奉献越多，价值越大。

活得有质量的人，不一定非要活得有价值。孔子周游列国时，遇到两位长寿的老先生，他们都有不恼不愁的绝招儿，活得很有质量。

一位老先生名叫林类，快100岁了，很穷，无儿无女，春天还穿着粗皮衣，独自在田野间边捡谷穗边快活地唱歌。孔子派子贡去问：“您少年不努力，长大不思进取，老了没有妻子儿女，如今死到临头了，有什么可乐之事值得您边拾谷穗边唱歌呢？”

林类笑答：“我快乐的原因，人人都有，但他们却反以为忧。我少年不努力，长大不思进取，所以才这样长寿。老了没有妻子儿女，又死到临头了，所以才能这样快乐。”

子贡一听，这是什么话！怎么听不懂呢？他问：“人人都希望长寿而厌恶死亡，您为什么以死亡为乐？”

林类说：“死与生，不过是一去一回。在这儿死了，怎么知道不是在另一个地方重生呢？怎么知道死与生不一样呢？怎么知道为求生存而终日忙碌不是头脑发昏呢？又怎么知道死亡不比活着更好些呢？”

子贡一头雾水，回来告诉了孔子。孔子说：“他懂得自然之理，却不完全彻底。”

林类理解生活的方式是：凡事往好处想。贫穷是好事，孤独是好事，没出息是好事，死了没准也是好事。凡事往好处一想，心里就快乐了，也不会失望。可惜，这样活着，有质量没价值，所以孔子说他没有彻底弄明白。

另一位老先生名叫荣启期，90岁了，很穷很快乐，穿着粗皮衣，系着粗麻绳，一边弹琴，一边唱歌。孔子上前跟他攀谈：“先生这样快乐，为什么呢？”

荣启期说：“我快乐的原因有很多：大自然生育万物，人最尊贵，我生而为人，这是我快乐的第一个原因；人类有男女之别，男尊而女卑，我有幸成为男人，这是我快乐的第二个原因；人来到世上，有没有见过太阳、月亮，没有离开襁褓就夭亡的，我活到 90 岁了，这是我快乐的第三个原因。贫穷是贤士的普遍状况，死亡是人生的最终结果，我安心于一般状况，等待最终结果，有什么可忧愁的呢？”

孔子说：“说得好！您是个善于自宽自解的人。”

有一位叫高金桂的百岁老人，一辈子吃过的苦、经受过的波折，数都数不过来，但是，她始终保持乐观的心态，笑对生活。“不做闲人”是她的处世之道，90 多岁时，她还在替家人做饭，帮邻居看孩子、看院子，大家都喜欢她、尊敬她。有人问她为何快乐长寿，她的方法是：手脚勤快，心地善良，无欲无求，不挑剔，不生气，不迷信，不为儿孙瞎操心。

这位老人一生中没有做过什么大事，但她尽己所能，奉献光和热，自己也活得阳光健康。这样的人生，已经很有质量和价值了！

对做人来说，有质量没价值和有价值没质量，都是残缺的人生。要活得既有质量又有价值，其实并不难，只要安心于自身的境遇，努力做好本分的事就可以了。

穷有好时，富有倒时

老人言：穷有好时，富有倒时。

贫富的轮回，可能不是一代人的事，需要经历几代人。穷人翻身，必须依靠艰苦奋斗。假设他意识到这一点，在环境不利、资源不足时，愿意用十倍的汗水换取一分收获，事情总会慢慢好起来。一代人不成，第二代继续，第三代、第四代之后，总会发达起来。富人有条件享乐，第一代谨慎享乐，第二代喜好享乐，第三代迷恋享乐——败家的时候就到了。穷人不会无故变富，富人也不会无故变穷，从艰苦奋斗到迷恋享乐，一个贫富的轮回就这样完成了。

对庸人来说，贫穷是一场灾难，那意味着人生被泡在苦水里，身受苦，心受苦，家里家外，无处不苦。对有志者来说，贫穷是一项很好的修炼。俗话说，“穷出来的聪明，饿出来的智慧”，从贫穷中学到的东西可能比从任何学校所能学到的东西都还要多，还要有价值。

张兰出身书香门第，父亲曾执教于清华大学。在她出生那年，父亲被打成“右派”，从此，她肩上多了一份别的孩子所没有的压力。“穷人的孩子早当家”，父母常挨批斗，她看着心疼，就变着法儿地给父母做点儿好吃的，今天熬个地瓜粥，明天熬个土豆粥。当时她还不知道，她对吃的情结和对烹饪的爱好，竟会对她的未来产生深远影响。

10 岁时，张兰随父母被下放到湖北农村。父亲在农场喂猪，母亲种菜，张兰上学之余，还要负责放牛、挑水。水稻成熟时，她跟大人们一起去割稻子，割完了一担一担挑着走。后来，张兰回忆说：“相比现在，那个时候可真苦，但那时候我不觉得苦，我觉得特别好玩儿。”她还不知道，她将苦吃到不苦了，就具备了干大事的一项最重要的素质——艰苦奋斗。

高中毕业后，张兰参加了工作，这期间她考上了大学，结了婚，有了儿子。毕业后，她被调到北京市建工局，捧起了“铁饭碗”。但冲天的梦想种在她的心里，等待着破土而出的时机。

1988 年，张兰的舅舅从加拿大回国探亲，同时给她带来了一个机会：出国留学。

英语不甚精通的她，毅然辞去工作，来到加拿大。张兰的目标不是留学，而是挣钱，但她没有打工的资格，只能打“黑工”，卖苦力。第一份工作是洗盘子，她同时在 4 家餐馆兼职，最多时一天打 6 份工，每天工作 16 个小时。幸亏她身体好，不然早就累垮了。

她还干过更累的活：剔肉。每天早上，冷冻车将大肉排送到餐厅，每片 100 多斤。别看她身材瘦小，力气可不小，使使劲就扛下来了。有一次，她剔肉时，不小心将手上的肉剔掉了一大块，在医院缝了十几针，但她一天没歇，第二天接着干。一个人，无论是男人还是女人，谁有这样的拼命精神，大概没有什么事干不成了。

然而，最苦的不是肉体上的痛苦，而是精神上的折磨。她3个月才能和家人通上一次电话。儿子的相片，她搁在床头，却不敢看，一看就泪雨滂沱，“心里立刻就受不了”。

几年后，张兰拿到了许多人梦寐以求的绿卡，不用打“黑工”了，但她却毅然决定：回国创业。她的决定让亲友们大吃一惊，因为在当时，一张绿卡价值100万港元，回国等于丢掉了100万啊！

但张兰的想法与众不同，她带着辛苦赚来的2万美元，回到丈夫和孩子身边。2万美元不少也不多，刚好只够开一家酒店，于是，她创办了“阿兰酒家”。刚开始，她一人包办了许多工作，掌厨、跑堂、开票、采购，什么都做。创业艰难，要多苦有多苦，但张兰反倒觉得“特好玩儿”，她说：“这行虽然特辛苦，但是我挺喜欢的，一直陶醉其中，很少感到累。”

“阿兰酒家”很快有了知名度，生意兴隆，张兰却不满足于现有的成就。几年后，她二度创业，创办“俏江南”，打造出了一个著名的餐饮品牌，并且成了“胡润财富榜”上的人物。

一个在农村放过牛的女孩，一个在加拿大扛过猪肉的女人，走到这一步，多么不容易！但张兰的自我评价是：“我是幸运的，赶上了一个好的时代，推着自己走到了这一步。”

其实，“赶上了一个好的时代”的人数以亿计，但不是每个人都像张兰一样经受过贫穷的修炼；贫穷的人也很多，但不是每个人都从贫穷中培养出了艰苦奋斗的精神；靠打工赚创业资本的机会很多，但不是每个人都像张兰一样愿意同时打 6 份工，每天工作 16 个小时；有资本并且敢创业的人很多，但不是每个人都像张兰那样吃苦耐劳……总之，穷有穷的道理，富有富的道理，一个人能够成为顶尖人物，自然也有成为顶尖人物的道理。

穷时别忘了致富的道理而陷入哀怨的情绪中，富时别忘了致富的根本而沉迷于享乐中。按贫富的逻辑做该做的事，命运自然会赶来配合。

人怕引诱，塘怕渗透

健康、幸福和财富等一切美好的东西首先都是源自一个人洁净的心灵，所以，我们想要拥有这些美好，就必须拒绝诱惑，保持一颗纯净、澄澈的心。

人怕引诱，塘怕渗透。的确，诱惑是人生路上的最大障碍。成功人士最重要的品质就是能耐得住寂寞，能拒绝诱惑。

《白雪公主》的故事大家一定都不陌生。诱惑就像恶毒王后手里的苹果，美丽却有毒。面对这样的诱惑，稍不慎重，就有可能像白雪公主那样走进别人设计的圈套里。现实生活中的我们却没有白雪公主那么幸运，利令智昏，就会一失足成千古恨。所以，我们只有坚定地拒绝诱惑，朝着正确的目标前进，不受外界的干扰和影响，才能守住内心的纯净。

杰克在银行找到一份出纳的工作。有一天，杰克正在数钱，银行老板来了，便问他："你手中数的是什么？"杰克很奇怪，但还是很老实地回答说："是钱。"过了一段时间，他在数钱的时候，老板又问他：“你手中数的是什么？”他还是如实说道：“是钱。”

时光飞逝，转眼杰克已经在银行工作快一年了。这天，老板又问他：“你手中数的还是钱吗？”这次，杰克却说：“不，这不是钱，这是我的工作。”

老板听完，会心地笑了，对他说：“你的眼睛里已经没有钱了，我可以放心地去度假了。”

每个人都要看清诱惑的存在，特别是你正处在寂寞的低谷中时，更容易受到利益的诱惑。有的诱惑虽然能满足你当前的需要，但却会妨碍你达到更大的成功或获得长久的幸福。因此，请你屏神静气，站稳立场，耐得住寂寞，守住自己的内心。只有这样，才能走得更远，对诱惑多一分抵抗力。

守得住自身，虽然失去了一时的“利益”，但守住了更多的收获。

耐得住寂寞既需要超人的忍耐力，又需要恪守自己的原则和信念，更需要拒绝诱惑，这样才能真正成长起来。

住在西西里岛附近海域塞壬岛的赛壬女妖，长着鹰一样的翅膀，她在这里日日夜夜唱着动人的歌曲，用以引诱从这里路过的船只。

奥德修斯曾经是特洛伊战争中的英雄，他也曾路过塞壬女妖居住的海岛。他听说女妖善于用美妙的歌声勾人魂魄，而登上海岛的人就会死亡。为了抵制女妖歌声的诱惑，奥德修斯嘱咐同伴用蜡封住耳朵。而他却很好奇女妖的声音到底有多美，于是没有塞住耳朵。为了防止自己失去控制登上岛屿，他让同伴把自己绑在桅杆上，并告诉他们无论自己怎么央求，都不要在中途给自己松绑。

果然，当船路过塞壬女妖居住的岛屿时，奥德修斯看到几个衣着华丽的美女唱着动听的歌谣翩翩而来，她们的声音如莺歌燕啼，婉转跌宕、动人心弦。听着这美妙的歌声，奥德修斯的心中顿时燃起熊熊烈火，他急于奔向她们，大声喊着让同伴们放他下来。但同伴们只顾奋力向前划船，根本听不见他在说什么。

有一个同伴看到了他的挣扎，知道他此刻正在遭受着诱惑的煎熬，于是走上前，不理会他的哀求，反而把他绑得更紧。就这样，奥德修斯经过很长时间的内心煎熬，终于和同伴顺利通过了女妖居住的海岛，回到了朝思暮想的家园。

能够恪守自己的一方净土，才能将诱惑拒之门外，得到自己想要的结果。

然而，现实生活中，利益的诱惑会使人失去理性辨别的能力，会在“再也不能错过时机”的冲动下去追逐诱惑。结果诱惑变成了迷惑，使人迷失了方向，只能在谜局和乱局中奋勇搏杀，耗尽了体力、精力和智慧，最后在乱阵之中遭受失败。很多人正是因为耐不住寂寞，才将自己推到了危险的路上，让自己失去了更多的成功机会。一位作家说：“其实人与人很相似，不同的就那么一点点。”这一点点在相当程度上，就是一种自我克制的能力。正是由于对自我欲念的调控，才显现出人性的高贵与光辉。

只有克制冲动，才能完善人格，才能让自己走得更远。

冰雪虽厚，过不了六月

老话说：冰雪虽厚，过不了六月。

再重的伤，总会慢慢痊愈；再难走的路，总能走到尽头；再不幸的日子，总会慢慢熬过；再倒霉的事情，总有了结的时候。只要精神不滑坡，一切都会好起来。其实，人生中最大的不幸，不是不幸本身，而是沉溺在不幸的过去无法自拔。不幸像酒精一样，味道不好，却能带来另类的快感。许多人摆脱不了过去的不幸——恨一个人可以恨一辈子，怨一件事可以怨到头发花白，那不过是染上了“酗酒”的恶习罢了。

有两条路可走：

第一条路是适应。再坏的日子，适应了也就好了。

有个人一直不得志，就跑去请教一位算命大师。大师掐着指头算了又算，最后告诉他：“你40岁以前一定是既落魄又贫穷，生活很不如意，对不对？”

这人听了大为惊讶：“大师！您算得太对了。我从小到大，没过过一天舒心的日子。”又充满期待地问，“再过几天我就40岁了，那40岁以后呢？”

算命大师说：“40岁以后，你就习惯了。”

这虽然是一个笑话，但却道出了生活的某种常态：不幸的日子，没遇上时让人觉得可怕，真遇上了也不过如此，从不适应到适应，时间长了也就习惯了。

从另一个角度来说，假设我们心里恐惧什么样不幸的生活，说明我们的日子过得还相当不错，已经够幸运的了。当我们觉得日子糟到不能再糟，快要活不下去的时候，适应可能不是好办法，那该怎么办呢？最好走第二条路。

第二条路是改变。眼前的生活，是过去种下的“因”，改变一下思考方式，改变一下行为方式，结果会大不一样。

有一个男人，出身农家，从小就经历坎坷。他6岁丧父，少年时，又因家贫辍学，每天跟母亲一起下地劳作，共同支撑着贫穷的家。

成年后，他决定离开农村，进城经商，追求全新的生活。但他全无经商经验，开了一家加油站，生意不景气，后来又遇上了经济危机，更是难以为继，加油站只好宣布倒闭。

初次创业的失败，对他的打击很大，使他经济上、心理上同时受伤。好在他还年轻，“自愈”能力很强，第二年他决定重新创业。他想到了一个新点子：进出加油站的司机需要吃饭，附近又没有提供饮食的地方，那他何不在加油站的马路对面开一家餐馆呢?

他的点子真不错，餐馆开张后，生意十分红火，经过多年打拼，他从一个穷人进入了富裕阶层。

可是世事难料，一场火灾，烧毁了他的全部家产。人到中年，他一夜之间又变回了穷光蛋。面对这突如其来的打击，他几乎精神崩溃，感觉自己再也无法走出失败的阴影。

但他毕竟是一个经受过艰苦生活锤炼的人，心灵的“弹性”很强。经过一段时间的消沉后，他重新焕发了斗志，他对自己说:“我的人生还很长，不能因为一两次的失败就一蹶不振。”他决定从头再来。这一次，他大量举债，开了一家比上次规模更大的餐馆，生意更加兴隆。于是，他再次成为富人中的一员。

可是，命运就喜欢捉弄人，不肯让他安享富有的生活。65 岁时，政府在他的餐厅附近修了一条宽广的马路，司机们再也不绕到原来这条路上来了，他的生意一落千丈。

他再次变得艰难，而他的创业雄心似乎也随着美好的年华一去不复返了。他觉得自己再也站不起来了，只好认命。有一次，当他去领取政府的救济金时，突然觉得很不甘:难道我真的只能靠政府的救济金走完余生吗?不!决不!

于是，他重新创业，开了一家炸鸡餐馆。70 岁时，他的连锁店遍布海内外，多达一万余家，而他也成为全球快餐业的巨头。他就是肯德基的创始人哈兰·山德士。

人生的起落，可能由命运驱动，但归根结底，由自己的心灵驱动。当我们想改变时，总可以改变，最重要的是保持心灵的“弹

性”。当我们被命运之手摁到谷底时，鼓鼓劲，弹起来；再被摁下去，再弹起来。每一次人生起落，都是一次精神的超越，生命的意义，也在超越中得到了升华。

“从来好事天生险，自古瓜儿苦后甜”，人生总要经历几回摔打，尝遍酸甜苦辣，幸福的日子才会到来。

笑到最后笑得最甜

当我们为人所激要发作的时候，家中的长辈总会劝慰我们不要过于生气；当我们因为一时的得失而失去方寸的时候，家中的长辈总会教育我们要把眼光放得长远。长辈们的教诲都是岁月的结晶，因为生活毕竟是一世而不是一时，只有笑到最后的人才笑得最甜。

公元 234 年 2 月，蜀汉丞相诸葛亮率领十万大军出斜谷伐魏。4 月蜀军抵达郿县，进驻渭水之南，与司马懿隔渭水对峙。

诸葛亮劳师远征，粮草是关键，因此意图速战速决，而司马懿也看到了这一点，因此无论诸葛亮如何挑衅，他就是坚守不出。不仅如此，他还实行坚壁清野的战略，意图用饥饿战术逼退蜀军。

坚守了一百多天，却没有得到决战的机会，无奈之下，诸葛亮给司马懿送去了一身女人的衣服，意图以此激司马懿决战。要知道在古代，把一个大男人比喻成女人是最大的侮辱，但凡有点血性之人，无论如何也不会甘愿受此等侮辱，就更不用说司马懿这样一位统领千军万马的将领了。因此，魏军满营将官非常愤怒，一个个主动请缨要为元帅洗刷耻辱。在此形势下，如果司马懿不同意出战，很可能连作为统帅的威严都会遭到削弱。如此看来，一场决战似乎在所难免了。

然而在群情激奋之间，司马懿却没有贸然出战，而是做了一件令人啼笑皆非的事情——派人千里回长安向魏明帝请战。因为魏国的战略本来就是坚守不出，待蜀军撤退时反攻，因此魏明帝当然没有答应司马懿出战的请求。不仅如此，魏明帝还派大臣辛毗前来督军，禁止有妄动出战的行为。这一下满营将官没脾气了，虽然心里还是不满意，但毕竟圣旨已到，也就只好继续坚守了。而远征的蜀军始终得不到战机，粮草无以为继，也就只得选择了退兵。

从表面上看，这次事件是司马懿受了委屈被迫忍气吞声，然而有人却不这么看，这个人就是对面蜀军的统帅诸葛亮。诸葛亮在得知司马懿千里请战之后对姜维说了这样一段话："彼本无战情，所以固请战者，以示武于其众耳。将在军，君命有所不受，苟能制吾，岂千里而请战邪！"

诸葛亮这句话的意思是：司马懿本来就没有和我们对决的想法，所以这次千里请战，不过是对气愤之中的满营众将有个交代。要知道，将军在外领兵要便宜行事。如果他能打败我们的话，还用千里去请战吗？难道不怕贻误战机？

由此可见，司马懿不愧为一代枭雄，他如此故作姿态地千里请战，实际上是舍小气而争大气。他为了避诸葛亮的锋芒，没有

选择争一时之气，而是隐忍不发，等待最好的时机。而结果如何呢？在他坚壁清野的战略之下，诸葛亮不仅无功而返，还身死于五丈原，引得蜀军内斗。从此蜀汉政权便再也没有对曹魏构成过威胁，司马懿得到了大的实惠。

俗话说："笑到最后的人，才是笑得最好的人。"在上面这个故事中，司马懿无疑是笑到最后的人。那么他是如何做到这一点的呢？关键就在于他忍住了一时之怒。

在生活中，我们也会遇到不顺心的事，别人的挑衅和责难更是随时会出现。当面对这些需要"争一口气"的时候，我们应该作何选择呢？是像司马懿一样忍一时之辱，还是秉持着"不蒸馒头争口气"的原则，与对方展开"殊死搏斗"呢？我想聪明的人一定会选择前者。

一个真正能够做大事的人，在面对各种挑衅和责难的时候，首先要做的是权衡利弊。如果只是争一时之气，那么他就不会与对方争而会选择退避三舍。这并不是因为他懦弱，而是因为他要集中精力实现心中更远大的目标。

一个做大事的人能将怒火放在心里，化为前进的动力。因为他知道，与人顶牛是没有任何意义的，与其为争一时之气而扰乱心绪，还不如淡定一点，退一步去做自己应该做的事，这样所取得的效果反而会更好。

一个想做大事的人必须要沉得住气，而沉得住气的最大表现就是要能够忍气吞声，低头让过一时之气。当然，忍气吞声总是很难做到的，但我们只有做到，才能在将来取得更高的成就，获得更大的成功。只要我们能够在将来胜过对方，那么我们就是成功的，而且我们此时的忍气吞声也将会成为我们人生画卷上光辉的一笔。

争一时不如争一世，若为争一时之气而奋不顾身，最后对自己的将来产生不可弥补的影响，那是愚蠢的行为。成功者高瞻远瞩，因为每个成功者都有自己的人生规划，而来自他人的羞辱和责难正是实现自己人生规划过程中的一种磨炼。

如果我们只为争一时之气而打乱了人生计划，是难以实现自己的人生目标的；相反，如果我们能忍受来自别人的闲气，争一世而不争一时，我们就能最终实现自己的目标，笑到最后。

气血涌上心头，愤而发作是人之常情，忍气吞声毕竟很难为人所接受，然而冷静下来思考一下，愤而发作其实于事无补，忍气吞声却可能为你换来毕其功于一役的机会。

医得眼前疮，剜去心头肉

每当我们控制不住自己，想要一时冲动做些什么的时候，我们的长辈就会告诫我们要懂得克制。因为只有忍住了一时，才能够赢得一世。药是一时的苦，却能治一世的病。所谓“医得眼前疮，剜去心头肉”就是这个道理。

我们一直在讲，人只有沉得住气才能成大器。能够沉得住气的表现有很多种，比如说忍耐，比如说克制。

克制是什么？指的就是在极端情绪达到一种临界点，想要爆发时能够忍住，将极端情绪化于无形。为什么我们要克制极端的情绪呢？因为极端的情绪能够严重影响我们的行为，摧毁我们正常的判断能力，让我们在一时冲动下做出令自己后悔的事情。

比如说和女朋友或男朋友吵架，吵到不可开交之时你勃然大怒，甚至想要动手打人。此时你就需要克制，无论是不是对方的错，都不能真的动手，因为一旦动手就很可能造成无法挽回的结局。

这只是一个简单的例子。实际上在生活中，我们遇到的很多事情，其对情绪的影响是远远大于和男女朋友吵架的，我们的激动程度也是要远远超过前者的。在这种情况下，如果我们能够保持克制，那才算得上是一个真正成熟的人。

功夫明星成龙曾经讲过这样一件事：在他年轻的时候，有一次想要出演一个角色，制片方和导演都已经同意了，唯独剧本的主创、著名作家古龙先生不同意。要知道，在当时，古龙先生的地位是远高于导演和制片人的，他一句话就能决定角色由谁出演。因此成龙只好随同制片方宴请古龙先生，希望能够获得他的首肯。

然而令成龙没有想到的是，即便是在酒席宴前当着大家的面，古龙先生依然不给他面子。而且非但不给他面子，还借着酒劲挑剔起成龙的长相来。成龙个子不算高，再加上一个天生的大鼻子，与古龙心目当中的大侠造型不符，因此，古龙当众说道："我小说的男主角是给狄龙、尔东升的……"

听了这话，成龙自然是既气愤又委屈，但自己有求于人又怎能发作呢？于是他只好忍气吞声，笑着向古龙敬酒。据成龙自己说，在酒席进行中，他曾经借故离开到洗手间号啕大哭，但是哭完之后就擦干眼泪继续回来与古龙谈笑风生。

即便是成龙这样的大腕，也不免有忍气吞声的时候，对于我们普通人来说，克制就更是我们的一门必修课了。

在学校里，我们难免有被老师误解的时候；在公司中，我们难免成为老板的出气筒；在恋爱里，我们又难免成为伴侣无理取闹的"受害者"。而当这种种能够让我们情绪恶劣的情况出现在面前时，我们唯一能够做的只有克制。

如果不懂得克制，老师就会给我们难堪；如果不懂得克制，我们的饭碗就很可能被砸掉；如果不懂得克制，我们的恋情很可能就会因此结束。我们可以看到，克制实际上是一种以牺牲恶劣情绪而换取更大好处的手段。因此即便是为了自己，我们也要学会克制。

当然，克制的能力不是与生俱来的，需要我们后天的历练。那些有所作为的人，都必定是先学会克制的。

一个克制力强的人，可以做自己命运的主宰者。因为克制，他们的意志得到了锤炼，能够去不断抵御和放弃各种诱人的欲望；因为克制，使得他们养成了处乱不惊、泰然自若的特质，可以从容地面对危机；因为克制，他们能有效化解意想不到和纷至沓来的纷扰和纠葛、挑战和考验，以从容的步履走过人生之路。可以说，正是克制，使得他们成功地躲避掉了人生路上的种种危险，从而最终迎来收获的季节。

趁着秦末诸侯纷争，早年被秦军击溃的匈奴部落又复兴起来，并借机屡次侵犯中原地带。因此，在夺得天下之后，汉高祖刘邦就想要出征匈奴，毕其功于一役。然而令他没有想到的是，自己的御驾亲征非但没有带来胜利，在白登一战中还差点成了匈奴人的俘虏，最后还是靠着贿赂匈奴王妾侍才逃得一命。

有了这次失败，汉朝认识到自己并非匈奴的对手，只能选择忍耐。所以在白登之战后，汉朝一直对匈奴采取和亲政策。而随着刘邦去世后吕后掌国，匈奴人的气焰开始变得更加嚣张。

某一天，匈奴使臣觐见吕后，随身还带来了匈奴王的一封信。在信中匈奴王这样写道：“孤偾之君，生于沮泽之中，长于平野牛马之域，数至边境，愿游中国。陛下独立，孤偾独居。两主不乐，无以自虞，愿以所有，易其所无。”

这段话翻译过来的意思就是说，他（匈奴王）自己是一个寂寞的君王，而吕后的丈夫也去世了，两人正好可以在一起。这是公然对吕后的侮辱。吕后一向性格刚烈，岂能忍受这样的屈辱，于是她立刻召集陈平、樊哙、季布等人，商议要杀了使者，然后发兵征讨匈奴。

谁都知道在那个时候汉朝元气还没有恢复，根本不是匈奴的对手。因此大臣季布对吕后说：“夷狄譬如禽兽，得其善言不足喜，恶言不足怒也。”也就是说，匈奴人就像禽兽一样，听见他们说好话不值得高兴，听见他们说坏话也不值得动怒。

吕后自然明白季布是在劝自己不要因一时的愤怒而做出错误的决断。而她本身也是一个熟谙权谋的人，之所以提议要与匈奴作战，也不过是激于一时的愤怒。此时她情绪已然平复，自然就打消了与匈奴作战的念头。

于是吕后回信一封，据说信的内容是这样的：单于不忘我们这个小地方，赐下信件，我们举国上下，莫不诚惶诚恐！单于雄伟，正在盛年，老妾本应亲身前往侍奉，可惜年逾七十，色衰神弱，发齿尽脱，行步蹒跚，见单于岂不羞惭。谨献上后宫美女三十名，锦帛十万匹，御用精米八十万斛，精酿宫酒百石，敬请大单于笑纳。

一个高高在上、掌握生杀大权的人，能够在受到屈辱之后，控制住自己的情绪，正说明吕后是一个不一般的人。这也是她能够在刘邦死后，掌握大汉天下的重要原因。而吕后的克制也终于避免了一场可能亡国的战争，给后世子孙赢得了积蓄力量的时间。30年后，汉武帝凭着强大的国力连续派兵远征匈奴，最终将匈奴驱至荒漠，一雪当年之耻。

就如同拳头收起来是为了更有力地出击，克制也是同样的。一个眼睛盯着更大的目标的人，是不会因为一时的冲动而丧失理智的。吕后是这样的人，古往今来那些成大事者也都是这样的人。

为什么克制对于成功如此重要？这是因为情绪是对现实的一种反映，如果我们的行为被情绪所控制，那么便等于我们向现实妥协了。而一个总是要向现实妥协的人，是不可能战胜现实取得成功的。学会了克制，就等于从现实手中把对自己的控制权夺了回来。一个能够控制自己的人，又怎么可能不成功呢？

谷要自长，人要自强

不怕学问浅，就怕志气短

观察我们现在的社会，这样的例子比比皆是：很多人开始的时候没有什么学问，但是最后却靠着努力和胸中的一口气，不断充实自己，坚持不懈地学习，最终超过了很多原本很有学问的人，从而取得了成功。这正应了一句老人言：不怕学问浅，就怕志气短。

做学问和做其他任何事情一样，需要恒心，需要志气。知识只垂青于坚持不懈的头脑，智慧也只进驻于虔诚求教的心灵。志气短，三天打鱼，两天晒网，肯定是学不到什么东西的。反之，就算你起点再低，只要勤奋好学、坚持不懈，必会学有所成。“不怕学问浅，就怕志气短。”学习就像盖高楼，不怕你起点低，只要你每天垒几块砖，高楼终究会盖起来。其实学习也并不是什么难事，只要你有了志气，坚持不懈，就定有所成。不要因为读书少而丧失对自己的信心，不要因为自己学历低就觉得在高学历的人面前抬不起头来。智慧对一切人都是公平的。

古今中外无数的事实都证明了不怕学问浅，就怕志气短。爱因斯坦 4 岁才开始说话，一度被老师们定性为“不可救药的孩子”，但当他取得成功的时候，当年嘲笑他的那些人又在哪里？爱迪生小学没毕业，靠着不屈不挠的精神成为了一位伟大的发明家。沈从文也只是到北大旁听，最后成为著名作家。自学是一种很重要的学习方式，志气是知识和智慧的护航灯。

范仲淹是我国历史上有名的政治家和文学家。范仲淹两岁时，父亲范墉病逝，只靠母亲为人家缝补来勉强维持生计，常常一天只能吃两顿饭，更别说上什么学堂了。但是范仲淹很有志气，有一次，范仲淹跟母亲到庙里烧香，他在神前祈祷，问菩萨：“我将来能否做宰相？能做宰相就要做好宰相，不能做宰相就做个好医生。良相和良医都能造福于人们。”自此，范仲淹读书更加刻苦了，常常每天天不亮就爬起来读书，读完了书再去干农活。

稍大一些，范仲淹来到一个庙里读书。因为贫困，每天只好烧一锅粥。冬天的时候，他的粥更稀了，他将粥盛在一个盆里，等到凝冻后再划成一块块，一顿两块，菜就是一根干葱。这就是“划粥断齑”的故事。

后来，他的母亲也死了，范仲淹就在庙里守孝。由于失去了唯一的依靠，他的生活更是难到了极点，但是他却更加发愤苦读。范仲淹有一个好友叫石梅卿，父亲是做官的，家里很富裕，看到他安贫苦读的情景，十分感动。一天，石梅卿带了一些好菜来到庙里，说是要和他聚聚，实际上是有意周济他，不料却被范仲淹一口回绝。范仲淹说：“你带来这么好的酒菜，真是谢谢你，你的心意我领了，但是我苦日子过惯了，这倒反而害了我。”一席话说得石梅卿更加佩服范仲淹了。

范仲淹在庙里读书的时候，有一天宋真宗路过那里，听到这个消息，人们都十分兴奋，都认为普通老百姓能亲睹“龙颜”，是千载难逢的好机会，所以蜂拥上前围观。只有范仲淹始终在庙里读书，人们回来后都问他，这么难得的机会，你为什么不去看看？范仲淹回答说：“将来再见他也不迟。”正是凭着这股志气，使范仲淹很具备真才实学，声名远播，最后成为了国家的栋梁之材。

知识从来不排斥任何人，只要你有志气，是个有心人。知识是非常公平的，它就在书本里，但需要你付出昂贵的志气去取。比如一本薄薄的《道德经》，基本上谁都可以得到，但要汲取里面的智慧，唯有勤勉。就算你坐在黄金铸成的椅子上，你每天吃的是满汉全席，但不付出努力，也是不会得到知识的。所以我们可以发现，很多一穷二白的人，通过勤勉的学习，最后成为了人才。而且往往越是纯粹靠志气自学成才的人，就越是能成为大才、贤才。而很多学习条件很优越、学习环境很好的人，反而一生碌碌无为。

宋濂是我国元朝的著名学者，朱元璋称帝后，任命他为江南儒学提举。宋濂少时家里很贫穷，他能取得如此成就，是非常不容易的。他在教育后辈的一篇文章中写道：

我年幼时就爱学习，因为家中贫穷，无法买书来看，常向藏书的人家求借，亲手抄录，约定日期送还。天气酷寒时，砚池中的水冻成了坚冰，手指不能屈伸，我仍不懈怠。抄写完后，赶快送还人家，不敢稍稍超过约定的期限。因此人们大多肯将书借给我，我因而得以看遍许多书籍。到了成年时，愈加仰慕圣贤的学说，又担心不能与学识渊博的老师和名人交游，曾往百里之外，手拿着经书向同乡前辈求教。

当我寻师时，背着书籍，拖着鞋子，行走在深山大谷之中，严冬寒风凛冽，大雪深达几尺，脚和皮肤受冻裂开都不知道。到学舍后，四肢冻僵了不能动弹，仆人给我灌下热水，用被子覆盖身上，过了很久才暖和过来。住旅馆主人处，每天吃两顿饭，没有新鲜肥嫩的美味享受。一起求学的人都穿着锦绣衣服，戴着穿有珠穗、饰有珍宝的帽子，腰间挂着白玉环，左边佩带着刀，右边备有香囊，光彩鲜明，如同神人。我则穿着破旧的衣袍处于他们之间，但毫无羡慕的念头。因为心中有足以使我高兴的事，我并不觉得吃穿不如人家就愤懑不平。每天手执书卷勤勉攻读，我神清气爽。

这就是一个“不怕学问浅，就怕志气短”的佐证，宋濂年轻时家境贫寒，但他刻苦求学，最终大有所成。和宋濂同窗求学的学子们，物质条件很好，但知识并不因此青睐于他们。相反，一个人如果有志于求学，反倒会不介意物质方面的短缺，因为他心中有信念，不会被别人的价值观所同化，自有一番乐趣。

古人常说：“腹有诗书气自华”，这里的“气”也有一部分指志气，有学问者必是有志气者，他们的志气经诗书的融化后更加区别于常人。他们深知“不怕学问浅，就怕志气短”。只要你立志成功，勤勉苦读，学问浅、起点低又算得了什么呢?

不怕山高，就怕脚软

梦想只要能持久，就能成为现实。我们不就是生活在梦想中的吗？很多事情都是可以靠努力实现的，只要不是太离谱的梦想。实际上所谓的离谱，也只是暂时受到时间和空间的限制，并非完全不可能实现。

许多人常常把“不可能”三个字挂在嘴上，其实，他根本没有想过要怎么实现，也没有去思考实现的可能，更没有去制订实现的计划和目标。他只是听到了一个自己不熟悉的事情，就本能地说不可能。太多的这也不可能，那也不可能，让生活变得毫无希望。

俗话说：“不怕山高，就怕脚软。”如果你还在毫无警觉地抱怨，那么请安静下来，想一想“不可能”三个字怎么会那么容易就脱口而出？根本没有尝试过的东西，怎么可以那么武断地下结论呢？

罗伯特·巴拉尼是奥地利著名的耳科医生。他幼年时患上了可怕的骨结核病，不仅疼痛难忍，而且导致他一个膝关节永久僵硬。家里人都很疼惜他，只期望他的后半生能不再受到病魔的折磨，根本不要求他在读书方面花费精力。

可是巴拉尼非常倔强，他不相信一种疾病能让自己成为废物，也不相信自己的未来仅能局限在父亲的农场里。他暗下决心，一定要掌握一技之长，一定要和正常孩子一样上学读书深造，然后堂堂正正地站在众人面前。

整整10年，巴拉尼风雨无阻地穿行在学校和家庭之间。无论多么艰难，他都咬牙坚持，向人展示“我可以”。29年过去了，这个失去自由行动能力、被人们怜悯的孩子长大了，并且成功进入了医学界，发表了著名的论文，奠定了耳科生理学的基础。

巴拉尼用自己的努力，将不可能变成了现实，把自己的名字深深刻在了人们的脑海中。

事实上，世界上每天都在发生各种令人沮丧的意外，但也同时在创造各种感人的奇迹。如果你的心里存着“我可以”的想法，那么这些代表新思路的想法就会迅速在你脑中生根发芽，长出嫩枝，帮你去攀越新的天地。

也许有人会发出疑问，难道决心要做，就一定能做得到吗？要是下了决心最后却没有成功，该怎么办呢？

有这样的疑惑是正常的。但是，试想一下，如果一开始你就放弃了，那么就算机会真的来了，你也无法立即采取行动，如此，还谈什么成功、收获？

曾有一穷一富两个僧人，都想去远方求佛。10年后，他们再次相聚。这时，穷僧人早已完成远游，实现了目标。而富僧人则说自己之所以未能远行，是因为每次出门前都会发现准备得不够充分，或天气不好……于是就这样一次次地耽搁了下来，延误了时间。

穷僧人微笑着说：“如果你的心里有意愿，那些困难就是天上的云，会来也会去；而如果你的心里藏着畏惧，那困难就是移不动的山、填不尽的海，会永远把你阻隔！”

大多数情况下，你所得到的结果和你所选择的态度是一致的。要么能，要么不能。世界上有很多状态是可以由人控制的，尽管一个人的力量十分微小，但是当你竭尽全力去实现自己的目标时，就一定能爆发出惊人的能量。

著名的护理学和护士教育创始人之一佛罗伦萨·南丁格尔，出身于一个富裕的家庭，是受过高等教育的贵族小姐。南丁格尔从小就着迷于护理工作，并且长期担当庄园周围生病农户的看护者。当她希望成为一名护士，想加入当时只有社会底层妇女和教会修女才会担任的护理工作中，并把这件事情当作终身事业时，遭到了父母的强烈反对和世俗偏见的中伤。可即使面临一些闲言碎语和误会，南丁格尔仍一直觉得自己可以胜任这项工作，丝毫不肯放弃。

南丁格尔总是出现在病患最需要她的地方，尤其是克里米亚战争爆发后，她率领38名护士奔赴枪林弹雨的前线，开展病患护理工作。此刻的南丁格尔完全脱离了贵族小姐的娇弱，不仅表现出非凡的组织才能，还给予病患无微不至的关怀，帮助医生进行手术，减轻病人的痛苦。

每一天，她都要工作20多个小时。她总是提着一盏小小的油灯，逐床细心查看病患的情况，因此，她也被士兵们称为“提灯女士”“克里米亚的天使”。

最让人称奇的是，为了取得必要的医药物资，当所有人都不敢打破陈规陋习采取行动时，南丁格尔却带领几个大胆的人，撬开了英国女王仓库门上的锁，并向吓得目瞪口呆的守卫说："我终于有了我需要的一切，现在请你们把你们所看到的去告诉英国女王吧，全部责任由我来负！"

南丁格尔用实际的付出，向世人证明了实践理想的可贵，证明了护理工作的重要性。因为南丁格尔相信自己，不仅让她改变了命运的轨迹，也让世界为之震动。在她的努力推动下，世界上第一所护士学校成立了，整个西欧以及世界各地的护理工作和护士教育也因此快速发展起来。

现实生活中，我们总是觉得大环境太差不可能改变、客户太刁钻不可能改变、身体不舒服不可能改变、薪水过低不可能改变……整天牢骚不断，好像"不可能""无法改变"已经成为我们终身的印记了。我们总是时刻需要别人的安慰。然而，若是拿我们所面临的困难和南丁格尔当初所遭遇的困难相比，简直就是沧海一粟，不值得一提。那么崇高、伟大的梦想都可以被南丁格尔实现，还有什么比它更难的？

英国诗人丁尼生说："梦想只要能持久，就能成为现实。我们不就是生活在梦想中的吗？"那些觉得自己可以的人，有的是为了获得更好的生活、更高的地位、更大的成就，有的则是为了他们的梦想和目标，他们相信自己的能力，也相信自己可以改变很多。你可以失去信心和勇气，但你的生活并不会因此而轻松，一旦你开始萌发"我可以"的念头，正式迈入追寻梦想的队伍，就有可能生活得更好。

谷要自长，人要自强

稻谷要让它自己慢慢长大，不要揠苗助长；人要靠自己，不能靠别人。独立行走，让猿终于成为万物灵长；扔掉手中的拐杖，你才可以走出属于自己的路。

人生的轨迹不需要别人定，只有自己才能为自己的人生画布着色。

世上有一种人，总是存在极强的依赖心理，习惯依靠拐杖走路，尤其是依靠别人的拐杖走路。

有些人经常持有一个谬见，就是以为他们永远会从别人不断的帮助中获益。力量是每一个志存高远者的目标，而依靠他人只会导致懦弱。力量是自发的，不依赖于他人。没有什么比依靠他人更能破坏独立自主精神的了。如果你依靠他人，你将永远坚强不起来，也不会有独创力。要么抛开身边的“拐杖”独立自主，要么埋葬雄心壮志，一辈子老老实实做个普通人。

生活中最大的危险，就是依赖他人来保障自己。“让你依赖，让你靠”，就如同伊甸园的蛇，总在你准备努力一番时引诱你。

它会对你说："不用了，你根本不需要。看看，这么多的金钱，这么多好玩、好吃的东西，你享受都来不及呢……"这些话，足以抹杀一个人意欲前进的雄心和勇气，阻止一个人利用自身资本去换取成功的快乐，让你日复一日原地踏步，死水一般停滞不前，以至于你到了垂暮之年，终日为一生无所作为而悔恨不已。

而且，这种错误心理，还会剥夺一个人本身具有的独立的权利，使其依赖成性，靠拐杖而不想自己一个人走。有依赖，就不会想独立，其结果是给自己的未来挖下失败的陷阱。

美国总统约翰·肯尼迪的父亲从小就注意对儿子独立性格和精神的培养。有一次他赶着马车带儿子出去游玩，在一个拐弯处，因为马车速度很快，猛地把小肯尼迪甩了出去。当马车停住时，儿子以为父亲会下来把他扶起来，但父亲却坐在车上悠闲地掏出烟吸起来。

儿子叫道："爸爸，快来扶我。"

"你摔疼了吗？"

"是的，我自己感觉已经站不起来了。"儿子带着哭腔说。

"那也要坚持站起来，重新爬上马车。"

儿子挣扎着自己站了起来，摇摇晃晃地走近马车，艰难地爬了上来。

父亲挥动着鞭子问："你知道为什么让你这么做吗？"

儿子摇了摇头。

父亲接着说："人生就是这样，跌倒、爬起来、奔跑，再跌倒、再爬起来、再奔跑。在任何时候都要全靠自己，没人会去扶你的。”

雨果曾经写道：“我宁愿靠自己的力量打开我的前途，而不愿求有力者的垂青。”只要一个人活着，他的前途就永远取决于自己，成功与失败都只系于自己身上。而依赖作为对生命的一种束缚，是一种寄生状态。英国历史学家弗劳德说：“一棵树如果要结出果实，必须先在土壤里扎下根。同样，一个人首先需要学会依靠自己，尊重自己，不接受他人的施舍，不等待命运的馈赠。只有在这样的基础上，才可能做出成就。”

将希望寄托于他人的帮助，便会形成惰性，失去独立思考和行动的能力；将希望寄托于某种强大的外力，意志力就会被无情地吞噬。

为了训练小狮子的自强自立，母狮子总是故意将它推到深谷，使其在困境中挣扎求生。在残酷的现实面前，小狮子挣扎着一步一步从深谷之中走出来。它只有体会到“不依靠别人，只能凭借自己的力量前进”，才会逐渐成熟。

真实人生的风风雨雨，只有靠自己去体会、去感受，任何人都不能为你提供永远的荫庇。你应该掌握前进的方向，把握住目标，让目标似灯塔般在高远处闪光；你应该独立思考，有自己的主见，懂得自己解决问题。你不应相信有什么救世主，不该信奉什么神仙或皇帝，你的品格、你的作为、你所有的一切都是你自己行为的产物，并不能靠其他什么东西改变。

你就是主宰一切的神灵。一个人，即使驾着的是一匹瘦弱的老马，但只要缰绳掌握在他的手中，他就不会陷入人生的泥潭。人只有依靠自己，才能配得上最高贵的东西。

抛开拐杖，自立自强，这是所有成功者的做法。其实，当一个人感到所有外部的帮助都已被切断之后，他就会尽最大的努力，以坚忍不拔的毅力去奋斗。而结果，他会发现，自己可以主宰自己命运的沉浮。

想做一番大事业不是一件容易的事，每一个富翁的财富都是在商海中经历了一番不同寻常的搏杀得来的。生意的圆满如同人生的圆满一样，意味着必须走完全程，意味着必须历经千难万险，意味着就算身临绝境也要咬紧牙关继续向前奔跑，战斗到最后一刻。

漫漫创业路，如同在茫茫大海上航行，有一帆风顺的时候，也有风浪滔天的时候。所以，创业中总是伴随着困难和挫折，那些能够正确面对困难和挫折的人，财富的大门永远向他敞开；相反，那些面对挫折一蹶不振的人，永远也无法到达胜利的彼岸。

生活中的挫折是考验我们的创业意志是否坚强的一个重要标准，成功历来只青睐那些即使面对绝境也绝不屈服、绝不放弃的人。

雅诗·兰黛就是这样一个坚强执着的女人。

这个从贫民窟中走出来的传奇女性，凭着自己的努力，成为世界上最富有的女性之一。《时代》周刊将这位化妆品女王评为20世纪最富有影响力的20位商业天才之一。但没有几个人知道在她创业的过程中充满了怎样的曲折和艰辛。向化妆品王国进军的时候，她已经是两个孩子的妈妈，她创办的化妆品公司当时只有她一个人，生产、销售、运输、策划等都是她“一肩挑”。有时候接电话，她不得不经常变化嗓音，一会儿装经理，一会儿装财务部总监，一会儿装运输部负责人。但是，即使这样，她也没有一刻放弃自己的梦想与追求，以一种常人难以想象和理解的毅力坚持了下来。

不仅仅是雅诗·兰黛，很多超级富豪的创业史都充满了艰辛，他们都经历过创业的危机，都面临过生活的绝境。

松下幸之助决定创业时，所有的钱加起来只有 100 元，连买一台机器都不够，加上他又不懂技术，艰难可想而知。为了渡过难关，他不得不先后十几次将妻子的首饰、衣服送进当铺，我们可以想象他在绝境中的迷茫、困惑和痛苦，这样的压力和苦难不是常人所能忍受的。但是，松下幸之助挺过来了，并且最终实现了他的财富梦。

正如巴尔扎克所说：“世界上的事情永远不是绝对的，结果完全因人而异。苦难对天才是一块垫脚石，对能干的人是一笔财富，对弱者是一个万丈深渊。绝境能造就强者，也能吞噬弱者。”

阳光总在风雨后，梅花香自苦寒来。面对困境，创业者必须心态平和，理智应对，不仅要勇于面对，奋力拼搏，更要沉着冷静，能屈能伸，学会微笑和坦然面对人生。如此，才能从困境中走出来，使你在事业上获得胜利、创出辉煌。

在创业致富的路上，当我们久久奋斗而不见成效时，一定要坚持住，因为那时或许距成功只有一步之遥了，只要我们把这一步跨过去，成功便唾手可得。无论多么难，都要坚信：只要坚持就会有希望、有转机，这世界上从来没有真正的绝境，有的只是绝望的思维。只要心灵不曾干涸，再荒凉的土地，也会变成生机勃勃的绿洲。

大胆天下能得，小心寸步难行

对个人发展来说，冒险是成为强者的必由之路。很多情况下，强者之所以成为强者，就是因为他们敢为别人所不敢为。

什么样的人最适合创业呢？有一个机构做过一项调查，调查发现，赌徒最适合创业。这并不是一个玩笑，因为创业本身就是一项冒险活动，就是一场赌博——哪一个创业者从一开始就敢保证自己必胜无疑呢？创业之初，大多数人都是怀着一种赌博的心态。调查发现，赌徒的心理承受能力远远强过普通人，而创业正是最需要强大心理承受能力的一项活动，大凡成功人士都有某种程度的赌性，尤其是企业界人士。

经商创业其实就是一场“赌局”，在这场赌局里，敢赌的人永远能冲在最前面，成为最先拿到“面包”和“票子”的“先富起来的一部分”。

史玉柱的赌性大家都是知道的，当年他在深圳开发 M-6401 桌面排版印刷系统。一次，他身上只剩下 4000 元钱，但是，他却在《计算机世界》订下了一个8400元的广告版面。史玉柱唯一的要求就是先刊广告后付钱，他的期限只有15天。前12天，他分文未进，第13天他收到了3笔汇款，总共是15820元，两个月以后，他赚到了10万元。收到这10万元，他并没有揣进自己的腰包，而是全部做了广告。4个月后，史玉柱就成了百万富翁。难以想象，要是15天过去之后，收来的钱还不够付广告费，史玉柱该怎么办？后来提起这件事，史玉柱笑着说：“其实我也不知道我能不能在15天内拿到订单，付清广告费，我只知道看准了，就要赌一把，要敢于做赌徒，没有什么好怕的。幸运的是，那次，我赢了。”

想常人之不敢想，做常人之不敢做，这就是成功人士的“赌性”。

1993年，李书福去某大型国有摩托车企业参观考察。看见摩托车产销两旺的势头，就向该企业老总提出为他们做车轮钢圈配件。对方一听，笑道：“这种高技术含量的配件岂是你们民营厂能完成的，该做什么还做什么去吧！”不信邪的李书福憋着一肚子气回到公司，大胆提出要自己制造摩托车整车。周围一片反对声，连他的亲兄弟都笑他不自量力：“车祸死了人，有你好看的。搞不好千年砍柴一夜烧。”

李书福决心已定，但这次他再次遭遇“红灯”——没有摩托车生产许可证，他到处求情，均以碰壁告终。后来，他“绕道”以数千万元的代价收购了浙江临海一家有生产权的国有摩托车厂，“借船出海”。只用了7个月的时间，吉利就开发出中国同行一直没有解决的摩托车覆盖件模具，并率先研制成功四冲程踏板式发动机。接着又与行业老大“嘉陵”强强联合，生产“嘉吉”牌摩托车。不到一年，又开发出中国第一辆豪华型踏板式摩托车，很快便替代了日本和台湾的同类产品。此后，他的摩托车不仅一直占据国内踏板车销量龙头地位，还出口美国、意大利等32个国家和地区。

1999年，吉利摩托车产销43万辆，实现产值15亿元，吉利集团也因此赢得“踏板摩托车王国”的美誉。李书福敢想敢做、勇于创新，再次获得巨大成功，从市场上得到丰厚回报。

在“福布斯”富豪们看来，不能只盯着可能存在的风险而裹足不前，而是应该具备“没有金刚钻，也敢揽瓷器活”的勇气。不敢冒风险的人，必将一事无成。很多生意人身上具有赌徒的性格，这并不是坏事情。商海无情，一个商人无时无刻不在跟自己赌、跟市场赌、跟客户赌、跟对手赌，这样的“赌”是最能看出一个商人的秉性的。

创业路上，面对最直接的利害得失，我们必须敢于做出自己的选择，表达自己的态度，并且承受因我们的选择而带来的后果。

如果想做生意，想闯荡商海，没有一份胜败自如的洒脱，是难以承受商海的风雨的。人生的输赢，不是一时的荣辱成败所能决定的。今天赚了，不等于永远赚了；今天赔了，只是暂时还没赚。任何时候，过人的胆识和胸怀都是一个人最重要的品质。坚持到底就是胜利，做生意是这样，做人是这样，做任何事情都是这样。

只有如此，才能经得起经济战场上的枪林弹雨，成为活着出来的那一个，成为发家致富的“王者”。

真正的勇气就是秉持自己的意见，不管别人怎么说，只要确定你是对的，就坚持你的信念，无怨无悔。

日本三洋电机的创始人井植岁男讲过这样一个真实的故事：一天，他家的园艺师傅对他说：“社长先生，我看您的事业越做越大，而我却像树上的蝉，一生都停留在树枝上，太没出息了，您教我一点创业的秘诀吧。”井植点点头说：“行！我看你比较适合园艺工作。这样吧，在我工厂旁有2万坪空地，我们合作来种树苗吧。树苗1棵多少钱能买到呢？”“40元。”井植又说，“100万元的树苗成本与肥料费用由我支付，以后3年，你负责除草施肥工作。3年后，我们就可以收入600多万元的利润，到时候我们每人一半。”听到这里，园艺师却拒绝说：“哇，我可不敢做那么大的生意！”最后，他还是在井植家中栽种树苗，按月拿工资，白白失去了致富良机。

人们常常会用“胆量”这两个字来说明敢想敢干、敢作敢当的精神。在复杂的社会生活中，我们需要面对许许多多的问题和矛盾。处理这些问题，解决这些矛盾，需要有经验、有智慧、有谋略、有才干；同时，还有一样东西也是必不可少的，那就是胆量。

我们既然有成为富人的欲望，却不敢冒险，怎么能够实现伟大的目标？冒险与收获常常是结伴而行的，风险和利润的大小是成正比的，巨大的风险能带来巨大的效益。险中有夷，危中有利。要想有卓越的成果，就要敢冒风险。

划时代的探险行为不是时时发生的，也不是每一个探险家都会碰到的机遇。冒险精神不是探险行动，但探险家的行动必须拥有足够的冒险精神。没有这一点，成功就与你无缘。

愁人苦夜长，志士惜日短

人生在世不过几十年，生命过去一天就少一天，碌碌无为的一生，只会让自己的生命变得空虚，失去应有的色彩。珍惜生命中的每分每秒，做有意义的事情，才能活出人生的精彩。

一个追求卓越的人应该明白，只有珍惜时间才能创造自己的价值，才能在有限的生命里获得更多的知识。反之，不珍惜时间，碌碌无为地过日子，明日复明日，最后只会毁了自己的前程。

人生在世，不过百年寒暑，碌碌无为是一生，轰轰烈烈也是一生。所以，无论你的经济条件如何，你都应该反省自己是否有碌碌无为的心态。

大智和尚外出求学20年，归来拜见佛光禅师，述说在外的种种见闻。佛光禅师看着大智和尚侃侃而谈，脸上洋溢着笑容。

大智和尚说了很多，最后问道："师父啊，这20年来，您一个人还好吗？"

佛光禅师点点头道："很好，很好，讲学、说法、著作、写经，每天都在智海中泛游，世上没有比这更欣悦的生活了。每天，我都忙得很快乐。”

大智和尚听了佛光禅师的话，这才放下心来：“师父，您应该多一些时间休息。”

佛光禅师点了点头，指了指门外沉寂的夜色，对大智和尚说：“夜深了，你去休息吧！有话我们以后慢慢说。”

清晨，还在睡梦中，大智和尚就隐约听到禅房中传出阵阵诵经的木鱼声。白天，佛光禅师总是不厌其烦地对一批批来礼佛的信徒讲说佛法。到了傍晚，回到禅堂，佛光禅师还有很多事情要做，不是批阅学僧心得报告，就是拟定信徒的教材。

一连几天，佛光禅师都有很多事情要忙。好不容易看到佛光禅师与信徒的谈话告一段落，大智和尚争取这一空闲时间对佛光禅师说道：“师父，以前您每天也是这么忙，分别这20年来，您的年纪都这么大了，每天的生活怎么还是这么忙呢？”

佛光禅师点了点头，说：“忙有什么不好呢？忙得我都没有时间老呀！”

“忙得没有时间老！”这句话像股激流，冲进了大智的脑海中，卷起了一阵风浪。是啊，如果不忙，每天无所事事，无聊之下，难免自寻烦恼。原来师父的忙实际上是一种生活的大智慧啊！

大智和尚恍然大悟。从此以后，他也变得像佛光禅师那样忙碌。佛光禅师圆寂后，大智和尚继承了佛光禅师的衣钵，继续普度众生的事业。

有的人年纪轻轻，却心力衰退，觉得自己老了；而有的人年事已高，但精力旺盛，仍感到精神饱满。为什么会这样呢？只因心中所思所想不一样。

心力旺盛者，懂得把握时间，根本没有时间去老，故能精神饱满地面对人生中的每一天；而心力衰退者，不能珍惜时间，终日无所事事，不知所措，胡思乱想，烦恼丛生，又怎么可能不老呢？

人生何其短暂，倏忽而过，若不抓住时间，努力进取，待到光阴过尽，人之将死，遗憾相随，也不能有丝毫快乐。所以要珍惜时间，把握生命的每一分、每一秒，不负此生。

时间是每个人最珍贵的财富，只有高效迅捷、善于有效利用和管理自己时间的人，才能在有限的人生中获得最大的进步和更多的突破。

荣恩是一家小书店的店主，他是一个十分珍惜时间的人。

一次，一位客人在他的书店里选书，客人逗留了一个小时才指着一本书问店员："这本书多少钱？"

店员看看书的标价说："1 美元。"

"什么？这么一本薄薄的小册子，要 1 美元！"那个客人惊呼起来，"能不能便宜一点，打个折吧。"

"对不起，先生，这本书就要 1 美元，没办法再打折了。"店员回答。

那个客人拿着书爱不释手，可还是觉得书太贵，于是问道："请问荣恩先生在店里吗？"

"在，他在后面的办公室里忙着呢，你有什么事吗？"店员奇怪地看着那个客人。

客人说：“我想见一见荣恩先生。”

在客人的坚持下，店员只好把荣恩先生叫了出来。那位客人再次问：“请问荣恩先生，这本书的最低价格是多少钱？”

“15 美元。”荣恩先生斩钉截铁地回答。

“什么？15 美元？我没有听错吧，可是刚才你的店员明明说是 1 美元。”客人诧异地说。

“没错，先生，刚才是 1 美元，但是你耽误了我的时间，这个损失远远大于 1 美元。”荣恩毫不犹豫地说。

那个客人脸上一副掩饰不住的尴尬表情。为了尽快结束这场谈话，他再次问道：“好吧，那么你现在最后一次告诉我这本书的最低价格吧。”

“20 美元。”荣恩面不改色地回答。

“天哪！你这是做的什么生意，刚才你明明说是 15 美元。”

“是的，”荣恩依旧保持着冷静的表情，“刚才你耽误了我一点时间，而现在你耽误了我更多的时间。因此我被耽误的工作价值也在增加，远远不止 20 美元。”

那位客人再也说不出话来，他默默地拿出钱放在了柜台上，拿起书离开了书店。

荣恩先生既做成了这本书的买卖，又为那位客人上了一课，就是“时间财富”。一个人的成就取决于他的行动，而一个人的行动和他支配时间的能力是成正比的。如同巴尔扎克所说：“时间是人所拥有的全部财富，因为任何财富都是时间与行动结合之后的成果。”

让我们来看看巴尔扎克是如何惜时如命的。

深夜12点钟，当巴黎的居民进入梦乡时，巴尔扎克紧紧地拉上窗帘，在桌上点起蜡烛，开始工作，并连续写作五六个小时。

凌晨时分，他稍停片刻，喝下浓浓的咖啡，振作一下精神，又继续写下去。

上午8点钟，他休息一会儿，洗个热水澡，然后处理日常事务，接待印刷商、出版商。9点钟，他又回到工作室，修改文章校样，有时候大段大段地重写。这样他一直工作到下午5点钟。

晚上8点钟，当别人去寻欢作乐的时候，他跳上床，睡上三四个小时，然后便开始新的工作。

对巴尔扎克来说，没有什么东西能比时间珍贵。在20多年的创作生涯中，巴尔扎克每天工作十五六个小时，以惊人的速度，一本接一本地写出了大量优秀的作品，其中如《幻灭》《农民》《贝姨》《欧也妮·葛朗台》《高老头》等，都是世界文学史上不朽的篇章。巴尔扎克给自己的作品起了一个总名叫《人间喜剧》，这部包罗万象的巨著，可以说是法国社会，特别是19世纪巴黎“上流社会”的历史，它既是封建社会的没落衰亡史，也是资产阶级的罪恶发家史。

正是巴尔扎克把时间当作自己的全部财富，不肯虚掷一刻，才终于成为世界级的文学巨匠。

千百年前，人们早已认识到了时间的珍贵，所谓“一寸光阴一寸金，寸金难买寸光阴”。其实，黄金哪里比得上时间珍贵呢？黄金可以被人当作财富，永久地保存起来；而时间却像一条川流不息的江河，默默地、不停地流逝。正像朱自清先生所描述的那样：“洗手的时候，日子从水盆里过去，吃饭的时候，日子从饭碗里过去，沉默时，便从凝然的双眼过去”，谁也别想把时间据为己有。

最聪明的人是最不愿意浪费时间的人。合理安排时间，就等于节约时间。从每天都只有 24 小时这点来说，时间是一个常数，它对每个人都是公平的。但对不同的人来说，时间要差距好几倍，每年、每月、每天、每小时甚至每分钟都会在不同的人身上体现出不同的价值。所以，我们在有限的生命中应该充分利用时间，科学管理时间。时间管理的重点在于如何分配时间，每一分每一秒都做最有益的事情，在更短的时间内达成更多的目标。

现在，我们来学习做好个人时间管理的十个关键：

第一个关键：要有明确的目标

请你拿出纸和笔，在这张纸上，写出你明确的目标。如果你没有明确的目标，那时间是无法管理的。

时间管理的目的，是让你在更短的时间达成更多你想要达成的目标。我们都知道成功等于目标，所以你越能够把目标明确地设立好，你的个人时间管理就会越好。

第二个关键：你必须要有一张“个人清单”

也就是你必须要把今年所要做的每一件事情都列出来。现在就把你要完成的每一个目标列出来，不光是主要目标，还有一些小的目标要达成，也要把它列出来。

当你有“个人清单”之后，下一个你要做的就是把目标切割。譬如为了达成今年的每一个目标，我上半年必须完成哪些事情。下一步就是把它切割成季目标，我这一季需要做哪些事情，全部列出来。如此，再推出每个月需要做哪些事情。

假设你没有办法制定一个全年的“个人清单”，至少从现在开始必须要有每个月的“月清单”。当然，我们都知道，一日之计不是在于晨，而是在于昨夜，所以在前一天晚上要把第二天要做的事情列出来。记住，你永远没有时间做每一件事情，但你永远有时间做对你最重要的事情。

当你列出清单之后，把优先顺序排好，并且设定完成期限，这时你就已经迈向成功之路了。

第三个关键：也就是大家所熟悉的二八定律

你要把个人时间管理好，一定要知道哪些事情对你是最重要的，它赋予你最高的生产力。假如这些事情你不是很清楚，不是很了解，那你的个人时间管理永远不会好。

第四个关键：每天至少要有半小时到1小时的“不被干扰的时间”

假如你能有1小时完全不受任何人干扰，把自己关在房间里，开始思考一些事情，或是做一些你认为最重要的事情，这1个小时可以抵过你1天的工作效率，甚至有时候这1个小时比你3天工作的效率还要高。所以记住，不被干扰的时间至少要 30 分钟，最好是 1 个小时。

第五个关键：你的目标和你的价值观要吻合，不可以相互矛盾

你一定要确立你个人的价值观，假如价值观不明确，你就很难知道什么对你最重要。当价值观不明确的时候，你时间的分配一定不好。所以你一定要找一个时间把自己的价值观确定一下，找到什么对你才是最重要的，是健康、事业、家庭，还是朋友，以此把时间分配好。

第六个关键：每天静坐 1 小时

你可以找一把椅子，就坐在那里，记住，一定要完全不受干扰，没有任何的音乐或其他任何的杂音，就一个人坐在椅子上。当然，一开始，你一定很想动，那时候你就要鞭策自己不准动，直到坐满 1 小时。假设你每天能够静坐 1 小时，你工作的效率一定会提升。

第七个关键：所有的事情开始就把它做对

开始就把它做到完美，就把它做到最好，这样你就不需要重复去做同一件事。

第八个关键：你必须控制你的电话时间

善于管理时间的人通常是由他的秘书帮他查询到底是谁打电

话来，或是请他留言。留言时必须记住什么时间回电是最好的时机，不然你打电话过去，对方又不在，徒劳无功。一般来讲，把电话积累到某一个时间，一次把它全部打完。

第九个关键：同一类事情最好一次把它做完

当你重复去做同一件事，你会熟能生巧，因此你的效率一定会增加。

第十个关键：做“时间日志”

你花了多少时间在做哪些事情，把它详细地记录下来，每天做了什么，都一一记录下来。你会发现，哎呀，浪费那么多时间。当你找到了浪费时间的根源，你才能有办法改变它。

潜心存远志，得意会高朋

老人言：“潜心存远志，得意会高朋。”一个人志向要远大，但也要有能力做基础才能实现志向，同时人的能力是可以开发的，一个人若没有远大的志向，便等于先给自己的能力设定了一个限制，即使再小的志向，也无法完成。

国外一位行为学家曾经做过一个动物实验，这个实验表面上看起来似乎有些无聊，但却蕴含着一个深刻的人生哲理。实验的过程是这样的：先选定一个玻璃杯，然后在其中放进一只跳蚤，观察跳蚤的跳跃。跳蚤天性喜欢跳跃，进入杯子当中，自然很容易就跳了出来。跳蚤跳出后，行为学家又将跳蚤放入。如此重复了几遍之后，行为学家测量出跳蚤跳跃的高度可达到它身体的400倍左右。

接下来，行为学家再把这只跳蚤放进杯子里，不同的是这次在杯上加了一个玻璃盖。跳蚤还是尝试着向上跳，但每次都撞到玻璃盖上，这样反复几次之后，跳蚤开始产生了条件反射，它开始根据盖子的高度来调整自己所跳的高度。最后，行为学家拿走玻璃盖子，然后等待跳蚤再次跳跃。这次的结果怎么样呢？跳蚤还是在不断地向上跳跃，但每次都只跳到原来玻璃盖子所在的高度，再也没有跳出来过。

从这个实验中我们得到了什么启示呢？那就是我们当中有很多人就如同这只跳蚤一样，总是将自己局限在一定的高度里。

生活中，我们就好比是跳蚤，而束缚我们的现实生活就像罩在我们四周的玻璃盖子，我们不断地尝试跳跃，却不断碰壁，不断经历痛苦。最后，疼的次数多了，我们也就学乖了，在心里为自己设下一条保护线，只要不越过这条线，我们便不会再受伤。我们此后就再也没有碰过壁，也不再为生活所折磨，然而此时我们却也再逃不出现实的束缚了。

我们总是在年轻的时候意气风发，屡屡去尝试挑战人生，但往往事与愿违，屡屡遭受挫折和失败。几次失败以后，我们便开始抱怨这个世界的不公平，怀疑自己的能力。此时的我们不再千方百计地去追求成功，而是一再地降低成功的标准，即使原有的一切限制已取消。

就像实验中的“玻璃盖”虽然被取掉，但跳蚤早已经被撞怕了，或者已习惯了，因此不再能跳出新的高度。我们很多人往往因为害怕失败而不去追求成功，反过来甘愿忍受失败者的生活。

有这样一个撑竿跳运动员，他有着良好的身体素质和过人的天赋。在教练的精心教导下，他逐渐成长为一个撑竿跳健将。每个人都断定他一定会有很好的前途。然而不幸的是，一次训练中的意外改变了他的人生轨迹。

那是在一次运动会之前的例行训练中，这个运动员那天状态非常好，他一次次轻盈地跃过自己的训练高度。因为状态实在是太好了，他便想向自己创造的最高纪录挑战。他让教练把高度上升到 5.7 米，这个高度在当时几乎可以进入任何大赛的前三名了。他远远地举起了竿，助跑，点地，腾空，翻跃……可就在他做翻跃动作的时候，意外发生了，竿子突然从中间断裂，他从半空摔下，狠狠地摔在了地上。

教练和医护人员立即将他送到了医院，所幸他伤得不重，只休养了两个月就恢复了。然而伤虽然恢复了，但这个运动员的心里却留下了阴影。此后，无论是训练还是比赛，他都没有再敢挑战过那个高度。在内心里，他对那个高度有了恐惧，害怕意外再次出现。

看着自己弟子的前程就要这样毁了，教练急在心里。一天，他想出了一个主意。在训练的时候，他特意将标志杆的高度更改了一下，5.7 米的高度被标上了 5.6 米。他没有告诉弟子自己做了手脚。令他满意的是，在训练中，弟子成功地越过了这一高度。不过，在 5.7 米（实际上是 5.8 米）那个高度上，弟子又退缩了。不过这也没关系，5.7 米这个高度也足够他参加奥运会了。

然而事情并不那么简单，正式的比赛是不允许偷偷修改标志杆的。在正式比赛中，弟子面对真正的 5.7 米这一高度时，他再次退缩了。三次试跳居然没有一次跃起，每次都是撑到半空就下来。看到这一幕，年迈的师父不由得心中一紧，他知道弟子的运动生涯结束了，他丧失了一个运动员最宝贵的东西——挑战的勇气。弟子在心里为自己设了一个限制高度，这个高度，他永远也没有办法越过了。

这个运动员实在令人惋惜，然而惋惜又能怎样呢？他抛不开自己的心魔，越不过自己心中的限制，这又能怪谁呢？

老话常说“一朝被蛇咬，十年怕井绳”，不错，谁也不想一而再，再而三地品尝痛苦，因此在遭遇痛苦之后，下意识地就会给自己贴上一层保护膜，以防同样的事情再次发生。然而保护膜贴上了，痛苦不会有了，成功也就同样离我们远去了。

一个强大的人，不是没有经历过痛苦，也不是不想保护自己，而是他明白与经历痛苦相比，痛苦后的成功更可贵。他们也想保护自己，但他们保护自己的方法是让自己不断面对痛苦，从而最终战胜自己的恐惧心理，战胜痛苦。

他是个不幸的人，出生时便患上了海豹肢症，先天没有四肢。在成长过程中，他曾经3次想要自杀。然而在10岁那年，他突然意识到自己的人生不应该这样，自己虽然是残疾人，但也有让自己快乐的权利和责任。从此以后，他便朝着让自己快乐的人生目标，毫不畏惧地前进了。

他先是以一个残障者的身份进入了正常人的学校，而在高中的时候，他成为第一位竞选学生会主席的残障者。他喜欢大海，更热爱冲浪。虽然是一个没有四肢的人，但他并没有打消冲浪的梦想。经过努力，他成了第一位登上《冲浪客》杂志封面的菜鸟冲浪客。他在夏威夷与海龟游泳，在哥伦比亚潜水。他冲浪的足迹遍布了四大洋。

在自己获得了人生的快乐之后，他决定将自己的人生态度传播给那些需要激励的人。他以“激励他人”为生命目标后，创设“没有四肢的人生”非营利组织，实行各种创意行善。他和各国、各界领袖见面，在国会发表演说，也不断造访教会、学校、贫民窟、监狱和红灯区。

他散播希望与爱的行动，深受教师及家长赞誉，认为应该把他的故事列入学校课程。他的名字叫尼克·胡哲，一个人生不设限的人。

胡哲的人生先天就被限制住了，然而他以一个不设限的态度，成功地战胜了限制，给了自己一个常人难以达到的高度，这就是勇敢者的人生。

失败者不是无法成功，而是他们在自己的心里给自己设定了一个限制，有限制在，就永远触碰不到成功。

竹有节，人有志

古语说：竹有节，人有志。人就像一棵竹子，志气是其节。无节之竹弱于稻草，无志之人如行尸走肉。当我们有志气的时候，世界会随着我们转；当我们没志气的时候，我们被生活抽打着转。

志气是一个人的根本，任何成功的人，都源自心里的那股志气。当年秦始皇巡游天下时，有两个人发出了“吾可取而代之”的感叹，这就是项羽和刘邦，所以他们一个是“西楚霸王”，一个是“汉高祖”。曹操和刘备也一样，曹操煮酒论英雄时对刘备说：“当今天下英雄，唯使君与操耳”，所以他们也一个是“魏武帝”，一个是“汉昭烈帝”。只要有志气，就有了一切的可能，这也就是很多穷小子为什么能征服世界的原因。有志气的人，就像竹子一样玉树临风，而没志气的人，就会像狗尾草一样垂头丧气。

“志气”，顾名思义就是“志向”和“气概、气节、气度”。这里的“志”我们可理解为目标，也就是说，有目标的人才有气概、气节和气度。

三国时，曹操有一次要接待一位重要客人，但因为曹操长得不威猛，就让军中一个大将穿上他的盔甲接待客人，而他穿上武士的服装给这位“主人”当随从。客人一看，立即就指出：“这位才是主人。”为什么？因为曹操身上透着一股气，曹操作为一代枭雄，身上的那种霸气、才气、英气是挡不住的，只需一个眼神就能让人折服。

现实生活中也如此，一个想当老板的员工和一个只想保住饭碗的员工说话时的力度、态度是截然不同的。拿破仑说，“不想当将军的士兵不是好士兵”，也只有拿破仑才能说出这样的话，并让它流传千古。当拿破仑说出这句话的时候，就已经预示着他可以横扫欧洲，建立惊人的军事成就。

一个人有志，他身上就能透出一股气，而他透出的那股气就能将他和众人区分开来。这样的人有一系列特色：目光坚定、明澈；行动有规律、有定力；语气温和而有力度。他一天之中知道该做什么、不该做什么；他待人接物取舍得当，不该他拿的他不会要，该他拿的他也一定会得到；他不急不躁，从容不迫，甚至呈现出“不管风吹浪打，胜似闲庭信步”的特色。

有这么一个关于志气的故事。

有一位马术师的儿子，由于生活所迫，他不得不跟着父亲东奔西跑，因此，他的求学不是很顺利，学业也落下不少。

有一天，老师要全班同学写一篇作文，题目是《我的愿望》。

那一晚，这位平时难得有时间写作业的小男孩洋洋洒洒写了一篇文章，他激动地表达了他心中的愿望：“长大后，我想拥有自己的农场，过稳定的生活。我想在农场正中间建造一个占地5000平方英尺的住宅，拥有很多的牛羊和马匹。”

小男孩激动地把作业交上去了。但等到老师把作业发下来时，小男孩惊讶地发现自己竟然不及格，老师还叫他下课后去办公室。

“老师，为什么我不及格？”小男孩不解地问。

“我觉得你的愿望简直就是空想，你这个作文没有什么意义。你想想，你以后能买得起农场吗？你敢肯定你能有那么多钱吗？你怎么可能建造5000平方英尺的住宅？如果你重写一个愿望，写得实际点，我会考虑重新给你打分，这次肯定是不及格。”老师一口气说道。

小男孩低着头回家了，他一片茫然，他不知道到底要不要重写这篇作文，最后他忍不住问父亲。父亲静静听完他的话，语重心长地说：“儿子，这不是一件小事，这将决定你以后的人生。我认为，一次不及格没有什么，但一个人不要放弃自己的志向，要相信自己！”

小男孩牢牢记住了父亲的话，他没有重写那篇文章，也忍受了那次不及格。他将自己的志向牢牢刻在心里。

20年后，这个男孩拥有了一大片自己的农场，在农场的正中央，矗立起一座高大而豪华的别墅！

这个小男孩不是别人，他就是美国大名鼎鼎的马术师杰克·亚当斯。

志气为什么对人这么重要？在于它能激发人的潜能。科学研究表明，我们人脑93%的能量未被开发，像爱因斯坦那样的伟人也才开发了13%。我们大部分人的大部分能量，终其一生都处于闲置状态。而在志气、志向的引导下，我们就会克服一个又一个困难，激发更多的潜能，最终达到连我们自己都难以置信的地步。

如果美国的莱特兄弟没有飞上天空的志气，我们也许至今还无法乘坐飞机。球王贝利在他20余年的足球生涯中，参加过1300多场比赛，踢进过1200多个球，并且创造过单场独进8球的纪录，当他进满第1000个球的时候，全世界为他欢呼，“世界球王”的皇冠实至名归。然而就是在这时，曾有媒体问球王：“你觉得自己哪一个球踢得最好？”球王笑着答道：“下一个！”这就是一代球王的志气。

现实生活中，我们身边总有这样一些人，或听天由命，受到消极宿命论的影响，或缺乏追求，每天推日头下山，他们根本没有自己的志向；还有一些人，也有自己的志向，但只要有人对他的志向嗤之以鼻，哪怕是一点点嘲笑，他便赶快丢弃自己的志向；还有一些人，心有志向，刚开始干劲十足，但走着走着就停下来了……这些都是“无志”的表现，都不会让我们的生命大厦壮丽美好，都不会让我们的生活圆满幸福。请不要轻易认定自己的命运，也不要对自己的人生不负责。如果你是一名士兵，那就要渴望成为一名将军；如果你是一名商人，那就努力成就一段商界传奇；如果你投身文艺，那么就要梦想成为艺术精湛的艺术家。只有你有了这样的志向，你的心理潜能才会发挥出来，最终才会梦想成真。

人有恒心万事成，人无恒心万事崩

毅力是一块磨刀石，虽然不起眼，但是却能够把铁杵磨成针。毅力是测金器，只有真金才能经得住考验，只有杰出的人才能被筛选出来。有些人志向远大，但坚持不了多久就退缩了；有些人一直坚持，但往往在离目标仅有一小段距离的时候因为欠缺毅力，而在最后一刻放弃了。人生所经历的一切都在长期考验着我们的毅力，唯有那些坚持不懈的人才能得到成功的眷顾。

彼德·戈柏是索尼娱乐事业公司的总裁，这个企业的前身即是闻名全球的哥伦比亚电影公司。在竞争激烈的电影市场，彼德·戈柏与他的搭档钟·彼德斯共同为世界影视创造了一部又一部经典之作，奥斯卡金像奖的桂冠也多次被他们公司摘取。彼德·戈柏也因此成为电影界最有能力且最受尊敬的人之一。

权威媒体评价彼德·戈柏说：他能在这样一个竞争激烈的行业中具有如此重大的影响力，一个原因是他具有其他人所没有的眼光，另一个原因就是他有一般人所不及的毅力。

拿电影《蝙蝠侠》来说，这部影片开拍之前，许多片厂主管都说这部片子毫无市场。他们认为除了小孩会去看，就只有《蝙蝠侠》这部漫画的书迷肯掏钱进入电影院。经历了一次又一次的拒绝和否定，这部影片险些胎死腹中。然而戈柏和彼德斯不顾接踵而来的挫折、打击、失望和风险，坚定地走了下来，最终完成了这部电影。而这部其他人都不看好的电影，卖座率竟居高不下。

再说著名影片《雨人》，这部片子在整个摄制过程前后换了5位编剧、3位导演，其中一位导演还是大名鼎鼎的斯皮尔伯格。之所以数次更换，是因为他们都认为观众不会有兴趣看一部全片只有两个人驾车横越全美国过程中的对话，何况其中一位心智还有问题。虽然一再遭受挫折，但戈柏始终坚持自己最初的想法。最终结果也证明彼德·戈柏是对的，该片囊括了奥斯卡最佳影片奖在内的多项大奖。

经过多年的打拼，戈柏深深体会出只有坚持到底才会有收获，只有锲而不舍才能获得成功。

有人说，毅力是影响人生最重要的一项因素，它的作用远超个人才华。许多人之所以未能成功，就是因为他在差一点就能到达目标的时候放弃了。看看那些成功的人，他们无一不拥有超人的毅力。

有一个小男孩生长于旧金山贫民区，因为从小营养不良，他患上了软骨症，6岁时双腿变形，小腿严重萎缩。但这个小男孩没有因为疾病而放弃自己要成为美式橄榄球全能球员的梦想，杰出的球手吉姆·布朗是他的偶像。

13岁时，男孩不顾双腿不便，一跛一跛地到球场去为心中的偶像加油。比赛后，他在一家冰淇淋店里终于近距离看到了吉姆·布朗，那是他多年来所一直期望的。男孩大大方方地走到这位大明星跟前，大声说道："布朗先生，我是你最忠实的球迷！"吉姆·布朗和气地向他说了声谢谢。这个小男孩接着又说道："布朗先生，我记得你所创下的每一项纪录。"吉姆·布朗十分开心地笑了，说道："真不简单。"小男孩挺了挺胸膛，眼睛闪烁着光芒，充满自信地说道："布朗先生，有一天我要打破你所创下的每一项纪录。"

听完小男孩的话，这位球场上的明星微笑着对他说："好大的口气！孩子，你叫什么名字？"小男孩得意地笑了，说："奥伦索。先生，我的名字叫奥伦索·辛普森。"

从那以后，奥伦索·辛普森靠着顽强的毅力同病魔抗争，坚持练球，心中只有一个目标：超越。十几年的坚持没有白费，辛普森最终在美式橄榄球场上打破了吉姆·布朗创下的所有纪录。

是什么激发了男孩令人难以置信的能力？又是什么使一个行走不便的人成为球场上的佼佼者？人生路上，我们首先要做的事便是订立目标，接着就可以朝着这个目标坚持不懈地奋斗了。记住，毅力能改写你的人生，能把看不见的梦想变成看得见的现实。

聪明的人并非都能成功，成功的人也不是比别人都聪明。但可以肯定的是，成功的人一定比别人更有胆量和毅力。强者成功地开发了自己的毅力并有效地经营成功，弱者被自己的不坚持而打败。使人走向成功的因素很多，最关键的是看你是否有毅力坚持下去，是否能战胜横亘在面前的困难。有了目标，不懈地努力，以顽强的毅力坚持下去，靠着毅力移山倒海，必定能够达到目标。

千学不如一看，千看不如一练

深夜，一个危重病人迎来了他生命中的最后一分钟，死神如期来到了他的身边。在此之前，死神的形象在他脑海中几次闪过。他对死神说：“再给我一分钟好吗？”

死神回答：“你要一分钟干什么？”

他说：“我想利用这一分钟看一看天，看一看地。我想利用这一分钟想一想我的朋友和我的亲人。如果运气好的话，我还可以看到一朵绽开的花。”

死神说：“你的想法不错，但我不能答应。这一切都留了足够的时间让你去欣赏，你却没有像现在这样去珍惜。你看一下这份账单：在你60年的生命中，你有三分之一的时间在睡觉；剩下的20多年里你经常拖延时间；你曾经感叹时间太慢的次数达到了10000次，平均每天一次。上学时，你拖延完成家庭作业；成人后，你抽烟、喝酒、看电视，虚掷光阴。

“我把你的时间明细账罗列如下：做事拖延的时间从青年到老年共耗去了36500个小时，折合1520天；做事有头无尾、马马虎虎，使得事情不断地要重做，浪费了大约 300 天；因为无所事事，你经常发呆；你经常埋怨、责怪别人，找借口、找理由、推卸责任；你利用工作时间和同事侃大山，把工作丢到一旁毫不顾忌；工作时间呼呼大睡，你还和无聊的人煲电话粥；你参加了无数次无所用心、懒散昏睡的会议，这使你的睡眠时间远远超出了 20 年；你也组织了许多类似的无聊会议，使更多的人和你一样睡眠超标；还……”

说到这里，这个危重病人就断了气。

死神叹了口气说：“如果你活着的时候能节约一分钟的话，你就能听完我给你记下的账单了。唉，真可惜，世人怎么都是这样。”

想想看，“拖延”真的是浪费时间、浪费生命的最好办法。

回忆一下你的生活：

星期一早晨，你又为起床感到费劲，你觉得这对你来说太困难了。

你的洗衣机里已经塞不下你的脏衣服了。

你明知道自己染上了一些恶习，例如抽烟、喝酒，而又不愿改掉。你常常跟自己说：“我要是愿意的话，肯定可以戒掉。”

老板布置的工作，你觉得可能做不完，或是今天太疲劳了，不如明天早上来了再做，那时可能精神更好；每当接受新的工作时，你总是感到身体疲惫。

你想做点体力活，如打扫房间、清理门窗、修剪草坪等，可是你却迟迟没有行动，你总有各种各样的理由不去做，诸如工作繁忙、身体很累、要看电视，等等。

你曾经由于迟迟不敢表白，让心爱的女子成了别人的妻子，自己总是暗暗伤怀。

你希望一辈子住在一个地方，你不愿意搬走，新的环境会让你头疼。

你总是制订健身计划，可你却从不付诸行动，“我该跑步了……从下周一开始……”

你答应要带你的宝贝去公园玩，可是一个月过去了，由于各种原因，你还是没有履行诺言，你的孩子对你已经失望至极。

你很羡慕朋友们去海边旅行，你自己也有能力去，但总是因为这样那样的借口而一拖再拖。

对你这样喜欢拖延的人来说，常把“或许”“希望”“但愿”作为心理支撑的系统。而你所谓的“希望”“但愿”在别人眼中简直是希腊神话，浪费时间的借口俯拾皆是。无论你如何“希望”或是“但愿”，很显然，你只不过是在为自己的拖延寻找借口罢了。

常常会听人说：

“我希望问题会得到解决。”

“但愿情况会好一些。”

“或许明天会比较顺利。”

事实上，你的情况有所好转吗？你依旧是在给自己找逃避痛苦的借口罢了。你这是在欺骗自己。不要再煞费苦心地寻找拖延的理由了，你要知道，生命对我们而言总是有限的。

拖延会让你变成一个厌倦生活的人。事实上，生活永远不会令人百无聊赖，但是现实生活中，很多人总感到无聊和厌倦。这很大程度上是因为未能积极有效地利用自己现有的时间。拖延时间的人往往虚度光阴、无所事事，这样的生活状态必然让人感到厌倦。仔细想想，你手头有很多工作压在桌上，你的身体逐渐发胖却毫无办法，你对这个城市一直心存反感，每天忙忙碌碌却丝毫体会不到人生的乐趣，这样的生活状态你能不厌倦么？拖延的你往往是忙于逃避痛苦而不是追求真正的快乐。

你羡慕那些成功的人，他们的生活丰富多彩。可以到处旅游，享受天下美食。而你自己却不知道，其实你也可以像那些成功的人一样。由于你被拖延所连累，你厌倦生活，你抱怨客观环境令人讨厌，例如“这个工作太麻烦了”或是“这个城市我真是待烦了”等。对生活的厌倦，会令你很熟练地拖延时间，只有无底的深渊将是你的归宿。

你有没有想过自己到底在拖延什么？你觉得自己吃得总是很多，美食的诱惑令你欲罢不能，你总是说吃完这顿再说吧。你是否想过，如果一直这样下去，你的身材将变得愈加臃肿，你会被路人指点，你也许因此失去心爱的恋人，你甚至连公共汽车的座位都挤不进去。你经常对自己的工作拖拉，你可能觉得这样得过且过比较轻松，可事实上，你不知道你正面临失业的危险，你将来可能会穷困潦倒，更谈不上创造一番事业。

有一位记者朋友将拖延的行为生动地比喻为“追赶昨天的艺术”，我觉得拖延同时也是“逃避今天的法宝”。有些事情你的确想做，绝非别人要求你做，尽管你想，却总是拖延下去。你不去做现在可以做的事情，却想着将来某个时间来做。这样你就可以避免马上采取行动，同时你还安慰自己并没有真正放弃决心。你会跟自己说：“我知道我要做这件事，可是我也许会做不好或不愿意现在就做，应该准备好再做。”每当你需要完成某个艰苦的工作时，你都可以求助于这种所谓的“拖延法宝”。

拖延自己的时间，往往有三分之一的原因是自我欺骗，另外三分之二是逃避现实。之所以坚持自己这样的拖延行为，还因为你自己从其中得到了一些“好处”：

(1)通过拖延，你显然可以不去做那些令自己感到头疼的事，有些事情你害怕去做，有些事情你想做又害怕行动。

(2)欺骗自己的各种理由让你心安理得，因为你觉得自己还是个实干家，也许就是慢一点的实干家。

(3)只要能一拖再拖，你就可以永远保持现状，无须力求改进，也不必承担任何随之而来的风险。

(4)你厌倦生活，你抱怨说是其他人或一些琐事让你情绪消沉，这样你便可轻松摆脱责任，并且推卸给客观环境。

(5)你通过拖延时间，让自己在最短的时间内完成工作，如果做得不好，你会说：“我时间不够！”

(6)你找借口不做任何没把握的事情，以避免失败，这样你觉得自己还真不是个低能的人。

想要获得成功，我们现在该思考的，恐怕不是我们拥有的梦想是什么，而是我们应该如何去实现我们的梦想才对。

很多人都有梦想，但如果梦想永远只停留在空想阶段，便无法转化为任何成就。想要真正成为一个梦想成真的幸运儿，就别光是坐着空想，赶快锁定目标开始积极行动吧。

好茶不怕细品，好事不怕细论

砍柴上山，抓鸟入林

老人言：“砍柴上山，抓鸟入林。”无论做什么事都有它的门道，摸得着门道的人更容易获得成功。

有个成语叫作“缘木求鱼”，字面上的意思是爬到树上去抓鱼。鱼当然不可能在树上，因此这个成语就被用来形容那些做事不得方法和花大力气去做无用功的蠢人。

有个东北人一次在南方吃饭，吃到当地产的鲮鱼觉得味道鲜美，于是便想将这种鱼带到东北去养殖。此人以前从来没有搞过养殖，一点养殖的经验都没有，但抱着试试看的想法，他还是托人买了不少鱼苗。

到了东北老家，这人便租了一个网箱，然后将鱼苗全部放在里面。然而没过一个礼拜，鱼苗就死了三分之一。原因很简单，他不懂得鲮鱼喜欢吃的食物是什么，只是看别人养草鱼放什么饲料他便放什么，结果鱼苗大量饿死了。

此人于是赶快去请教别人如何喂养鲮鱼，然后根据别人的指点换了饲料。他心想这下该没事了吧，然而没想到的是，过了一个星期，鱼苗几乎全都死了。原来鲮鱼是喜温鱼类，水温低于10度便不易生存了，而东北秋后冬至的水温几乎只有一两度。这样的环境下，鱼苗自然死得一干二净了。

此人失败的原因是什么？从最直接的方面来说，是因为他不明白鲮鱼所需要的水温，但从根本上看，是他不明白养鱼所要了解的门道。

门道是什么？就是做一件事的方法。天下三百六十行，一行有一行的规矩，不按规矩办事，事情就做不成。

既然各行有各行的门道，而行行的门道又不一样，那么有什么方法能够保证一定成功呢？其实保证一定成功的方法是没有的，但给成功加个保险，让人获得成功的概率大一点的门道还是有的，那就是照经验办事。

中国有句古话叫作“前事不忘，后事之师”，这句话的意思是对过去发生过的事情经常总结，就能够为以后的行为提供指导。从这句话中，我们领略到了经验的重要性。对于一个人来说，岁月的增长除了给他留下积累的财富之外，还留下了很多宝贵的经验。相对于财富而言，经验对于一个人的人生则是更加重要。

经验之所以重要，是因为它具有指导意义。我们常把自己犯过的错误叫作“交学费”。“学费”交过了之后，我们得到的就是经验。这些经验能够在我们以后遇到同样错误时指导我们，保证我们不会再次犯同样的错。一次错误犯过之后又接着犯同样的错误，那我们这“学费”就白交了。过去自己或他人的成功经验，可以帮助我们对一些事情作出正确的预判，进而在一些“岔路口”选对方向，走上正确的道路。

英特尔公司前任总裁安迪·格鲁夫先生就是一位懂得借鉴他人经验的人。他认为，在商业市场上，总是有一些循环往复的规律存在的。因此一个人要想对未来的情况作出正确判断，就要去调查和总结过去曾经发生过什么，通过分析过去来预判未来。

说到英特尔公司今天的成就，我们就不得不提一个在现在看似极为普遍的科技产品——集成电路，正是对这一科技产品的发扬和改进让英特尔由一家普通公司成长为独霸一方的超级跨国集团。

20世纪60年代，在英特尔公司成立之初，集成电路已经在市场上出现，却并未引起电子公司的特别关注。当时的半导体产品还处于晶体管时期。但是，当时的格鲁夫隐隐觉得集成电路会是一次影响人类生活的革命，于是他开始回溯电子产品发展的历史。

在电子产品的历史中，格鲁夫摸索出这样一条规律，那就是电子产品终将向着节能化、人性化和家庭化方面发展。而在当时，使用晶体管半导体的电子产品体积大、重量大、保养困难。大规模集成电路改变了这一情况。虽然技术要求高，但集成电路能极大地减小体积和重量，并且便于保养。

有鉴于此，格鲁夫判断，集成电路最终必将代替晶体管成为半导体芯片的主导技术。他的这一观点和合作者诺伊斯、摩尔不谋而合，于是三个人决定把公司的重点放在研究和生产集成电路的半导体存储芯片上。这一决定最终成就了英特尔。

思考和使用过去的经验，这对大人物有大用，对小人物有小用。格鲁夫先生通过对历史的分析得出的经验最终确定了英特尔发展的方向，而一个小镇的杂货商根据上个季度的香肠数量来决定下一季度购进多少香肠也是在利用经验避免因进货太多而导致积压。

只要分析和利用得当，经验是人最宝贵的财富，而且在很多时候，经验所带来的成功甚至可以让成功积少成多，让小人物慢慢变成大人物。在美国历史上，就有这样一个利用经验而一跃成名的小人物。

20 世纪 70 年代，美国经济出现严重的滞胀进而导致社会的萧条，很多人纷纷失业。在当时的新罕布尔州，一个叫特里的失业者无意中得到了一个濒临破产的佩恩中央铁路公司所属的卡摩多饭店准备出售的消息。

得到这一消息的特里立即决定买入卡摩多饭店，他以担保和分期付款的方式拿到了饭店的所有权。并且在经过 4 年的努力后，特里成功地把这个濒临破产的饭店扭转回了正确的轨道，让它重新焕发了生机。特里从一个流浪汉变成了一个年收入 3000 万美元的亿万富翁。

了解这件事情经过的人大多以为特里是依靠运气成功的，其实不然，真正让他获得成功的是他对过去经验的掌握和发挥。原来，特里曾经是一家饭店的经理助理，他因此积累了丰富的经验。

在得知卡摩多要被出售时，特里先是去实地考察了一番，在考察中，他发现很多问题，但他的经验告诉自己，这些问题更多是因为管理原因造成的。如果自己进行管理，他是有信心利用自己丰富的经验改造好它的。

于是，他不惜利用担保和分期付款买下饭店，进而合理改造，让饭店扭亏为盈。试想，如果不是因为特里有饭店经营经验，他是绝对不会接受一个自己完全不熟悉的亏本买卖的。

经验是非常宝贵的，一是因为难得，二是因为有指导作用。一个有经验的人如果不能把经验用到实际工作中，那也是不会成为一个成功者的。

经验是岁月留给我们的财富，按经验办事，这使得我们少走了很多弯路，无形之中让我们离成功近了一步。

失之毫厘，谬以千里

老人言：“失之毫厘，谬以千里。”有时一件看起来很小的事，却能带来很大影响。这是因为人生是延续的，一个人所做的事情不是此时做完此时就结束了，往往在后续的人生中还会带来连锁反应。因此我们不能不重视人生的细节。

有一个很著名的现象叫“蝴蝶效应”，这个现象是由美国气象学家爱德华·洛伦兹首先提出的。在1963年一篇提交给纽约科学院的论文中，洛伦兹这样说道：一只南美洲亚马孙河流域热带雨林中的蝴蝶，偶尔扇动几下翅膀，可以在两周以后引起美国得克萨斯州的一场龙卷风。

洛伦兹的理由是什么呢？就是蝴蝶扇动翅膀的运动，可能会导致其身边的空气系统发生变化，并产生微弱的气流，而微弱的气流又会引起四周空气或其他系统产生相应的变化，由此引起一系列的连锁反应，最终导致其他系统的极大变化。

那么蝴蝶效应可以给我们什么样的启示呢？对于这个问题，我们可以从一个小故事中找到答案。

在西方有一个流传很广的小故事，“一根马钉葬送了一个国家”。故事的内容是这样的：理查三世正准备与亨利进行一场你死我活的战争。在战斗爆发的那天早上，理查三世让马夫帮他备好战马。马夫把战马带到了铁匠面前，让铁匠给战马换一副新的马掌。铁匠在替换马掌时，发现手头少了一根马钉，马掌就这样少了一根马钉。

到了战场上，理查三世骑在战马上指挥自己的士兵与敌人殊死搏杀。忽然，他远远地看见战场另一边几个自己的士兵退却了，于是策马扬鞭冲向那个缺口，召唤士兵掉头回去继续战斗。然而理查三世还没走到一半，那个少了一根马钉的马掌就掉了下来。马掌掉了，战马站不稳了，跌翻在地。战马翻倒在地，理查三世也就被扔在了地上。周围的士兵看到理查三世不见了，一时慌乱了手脚。敌军趁势杀了上来将理查三世俘虏。就这样，一根马钉葬送了一个国家。

这个故事对我们有什么启示呢？那就是细节往往关乎整件事情的成败。有句古话叫“千里之堤，溃于蚁穴”，越是想要做大事的人，就越应该注意细节。细节处理不好，大事的成败就会受到影响。

2012 年曾有新闻报道，说是大连某个生物园的千年古莲遭到了毁灭性的破坏。这个生物园为一池古莲耗费了巨资，为了防止古莲遭受破坏，园方还特意在各个方面进行了完善。那么，是什么原因导致古莲被破坏呢？其实问题就出在一个细节上。

原来，在园方准备好的池塘附近，生活着几十只麝鼠，也就是俗称的水耗子。园方在引进古莲的时候，曾经想过要把水耗子清理掉，但想到几十只水耗子也不会有多大危害，而且还有利于生态的平衡，于是便不了了之。然而让人没想到的是，这几十只水耗子繁衍生息，一年的时间就变成了上百只。水耗子是杂食动物，当寻觅不到别的食物时，它们便以古莲为食。就这样，一池塘的古莲便成了它们的盘中餐。

细节之所以叫“细节”，就是因为它们细小，因为细小而容易被人忽视，然而忽视它们的代价却又是很大的。当我们想要做某件事的时候，我们一定要仔细研究可能与这件事发生关联的每一个细节。只有把问题考虑全面了，才能保证万无一失。

那些在事业上取得过人成就，获得外界以至同行业交口称赞的人，他们无一例外都是在各个细节上做得非常好的人。

苹果电脑公司的前 CEO 乔布斯是一个极端的完美主义者，在事业的每一个细节上都极尽苛责之能事。乔布斯被称为“硅谷恶人”，原因就是他对手下太过苛责。一个小小的细节搞不好，便可能遭到他暴风骤雨般的斥责。人人都说在乔布斯手下干活是最有压力的，是一点儿都容不得疏忽的。然而也正因为如此，才使得苹果出产的产品在各方面都无可挑剔。

做事要做到尽善尽美，才可能取得更好的效果。一个目标往往有很多人在争取，那么最终会落到谁的手中呢？关键就看是谁做得更好。如何做到更好？关键就在于每一个细节上。

这就好像是一个企业要生存和发展，就必须要表现出高于同类企业的竞争力，而企业核心竞争力并不单单是由一个品质构成的，它有质量也有营销，有宣传也有售后。所以只有从无数细节入手，才能够做到核心竞争力的提高。

我们当中并不缺少雄心壮志的人才，也不缺少能够做大事的勇者，缺少的是有精益求精态度的人，态度摆不正，事情就没有办法做到最好。

中国有句名言“细微之处见精神”。细节，微小而细致，在市场竞争中，它从来不会立竿见影地使销量飙升；但细节却如春风化雨润物无声。在细节上多投入一点精力，得到的可能是几倍、几十倍的回报。

细节有多重要，只有将其积累起来才能知道，一个注意细节的人，从当下看似乎是“浪费”了精力，但把时间拉长来看，他一定是最能获得实惠的那个。

丁是丁，卯是卯

老人言："丁是丁，卯是卯。"意思是做事要仔细认真。仔细认真地做事，遇到问题丝毫也不马虎，用两个字形容这种态度就是较真。无论做什么事，人都应该有较真的态度。因为只有较真，才能让人把事情做到极致，也才能让人更接近成功。

胡适先生早年曾经写过一篇文章《差不多先生》。在文章中，胡适先生描写了一个总是将"差不多"这三个字挂在嘴边当口头禅的人，对那些处事不认真的人进行了辛辣的嘲讽，针砭一些人敷衍苟且的处世态度。

敷衍、得过且过已经成了失败者的标志。世上的人为何总是成功者少而平庸者多？恐怕就是出于这个原因。俗话说，世上无难事，只怕有心人，一个对事情有心的人是一个敢于较真的人。只有敢于较真，才能够最终克服困难，把事情办成。

较真，这是一个比较复杂的特质。一般来说，在人与人的交往之中，较真的人总是不受人欢迎的。但是，在工作领域，一个人要想做出成绩，则必须有一种较真的劲头。

查阅世界五百强企业名录，我们看到，除了经济第一的美国，余下的企业最多的就是来自日本。一个“二战”的战败国，20世纪60年代才开始发展，但仅仅40年的时间，日本就成为世界第二大经济体。这么伟大的成就与日本人的较真精神是分不开的。

很多人对于日本人工作态度的第一印象就是较真。他们较真得都有些烦琐了。就拿酒店中给房间收拾床铺来说，连五星级宾馆都规定，客人没有动过的被褥不用拆洗和重新叠。而在日本，首先不管客人有没有用过，床单被罩都要剥下来，一趟一趟送到洗衣房去，而且是每个屋子送一次。能不能把所有房间的床单被罩都剥下来，一起送到洗衣房呢？这样工作效率不是大大提高了吗？日本人这样回答：作业书就是这样写的，我们按照作业书上做。

这就是日本人的工作态度，一种较真到极限的态度。即使是完全没有必要的事情，但只要规定中有，就要不打折扣地去完成。一旦将这种较真的态度保持了下来，那么所得到的成果就肯定是和那些得过且过的人不一样。

凡事怕较真，而成事则要较真。因为只有较真，才不至于让努力走形式，才不会让工作半途而废，也才能够将管理落到实处。

成功的竞争说到底是一个优势的竞争。在竞争越来越激烈的社会，无论是企业还是个人，想要获得成功都必须展示自己不同于他人的优势。而这些优势从何而来呢？就从较真中来。

在法国这样一个美食国度，一个非洲人想要成为厨师，那无疑是天方夜谭。然而他成功了。他不但成功了，还比很多法国本土的厨师做得更好。他是如何做到这一点的呢？靠的就是对于每件事都较真。

为了能够成为一名厨师，他曾经在奥地利维也纳的烹饪学院学了6年的厨艺。一开始，即便是简单的削水果和挑拣蔬菜他做得也不是很好。然而正因如此，才给了他彻底完善的机会。他从削皮开始学。这些事情他做了整整一年，直到他对味道和成分不同的各种蔬菜、水果的纹理完全熟悉、了解，并高度敏感。

到了第二年，他开始学习做沙拉，并为一些比较容易的菜准备配料。在随后的每一年中，他都要花上百个小时去熟悉每一种作料、每一种配料、每一种食谱。在6年的时间即将结束的时候，他经过考试拿到了世界上最有价值的烹饪学位。

此时的他完全可以去一家餐厅做厨师了，然而他却没有那么做。为了让自己的手艺更精湛，他来到法国的一家顶尖饭店给一位厨师长做助手。就这样4年的时间过去了，他的厨艺已经完全超过了他的老师。此时，他成为炙手可热的厨师了，欧美的各大酒店争相聘请他。

较真对于一个人来说是最有利的品质，但真正有这样品质的人却很少。原因是什么呢？就是因为很多人觉得很多事没有较真的必要。

很多人认为自己是做大事的人，因此不需要在小事上较真。然而这些人没有想过，如果小事都做不好，怎么会有大事给你做呢？所谓“一屋不扫何以扫天下”就是这个道理。

不要因为自己眼前的事小就忽视它，要知道生活当中没有小事。无数的小事做成功了，一件大事也就做成了。如果总是嫌事情小而不肯认真做好，那么上天是不会给你做大事的机会的。

一个敢于较真的人，是一个不断完善自我的人，只有不断完善自我的人，才能不断迎接更大的挑战，获得更令人瞩目的成就。

大事就如同盖房子，小事就如同买砖瓦，买砖瓦的时候不仔细挑拣，不对砖瓦的质量较真，那房子自然是盖不起来的。即便是勉强盖起来了，那也只是一个豆腐渣工程，不知道什么时候房子就轰然倒塌了。

秤砣小压千斤，辣椒小辣人心

老人言："秤砣小压千斤，辣椒小辣人心。"事与事总是互相关联的，一件小事往往会成为大事的杠杆。谁也不知道今天做过的小事在明天会带来怎样的结果，因此对于生活当中那些看起来微不足道的小事，我们一定要重视。

曾经看过这样一则新闻，是关于一个优秀管理者的成功故事。这个管理者就职于某跨国公司，是公司里重要的高层领导者，然而一开始，此人仅仅是公司的一名保洁人员。

此人学历不高，因此想要找一份好工作十分困难。但他不灰心，在几次碰壁之后，终于得到了在一家公司里做保洁的工作。保洁的工作很辛苦，而此人被分配的更是谁也不愿意去的厕所。虽然清理厕所的工作又脏又累，但他却专注地把自己的工作做好。

一日，公司的经理来到厕所，发现几名员工在厕所里面吃饭。原来这几名员工迟到了，而公司明令不允许员工在工作场合吃饭，所以大家就都躲到了厕所里面来。经理发现了这件事，他没有责怪员工们，而是惊讶于厕所的干净——是谁把厕所打扫得如此干净以至于员工都能在里面吃饭了？经理感到好奇，于是他命人把这个保洁员找了过来。

面对经理的好奇，这个保洁员平静地说："打扫厕所是我的工作，虽然这工作看起来很不起眼，但对于我来说就是天大的事。如果我这件事都做不好，那我就不配赚工资了！"

听了保洁员的话，经理十分感动，当即将这个保洁员提拔为办公室助理，专门负责帮他处理一些日常事务。就这样，这个保洁员从此开始走上了职场的快车道。

这个经理为什么提拔保洁员呢？是因为厕所干净吗？其实厕所的干净只是表面，经理真正看重的，是他那种对小事仍然尽心尽力的态度。

在一个公司里，几乎所有人都希望自己能够被委以重任，以此来施展自己的抱负。然而很多人面对的情况是，自己的领导并不那么看重自己，只是让自己屈居于一个小岗位上。此时，不少人就会抱怨领导对自己大材小用，深深感觉到受挫。

其实，对一个人的工作热情和能力最好的检测方式，就是看是否不论在任何情况下，他都能胜任自己的工作。有时候领导对你的大材小用，完全是出于一种试探心理。凡事能够踏踏实实从小事做起的人，才有能力挑起公司的大梁。

美国福特汽车公司的创造人福特大学毕业的时候，去一家汽车公司应聘。当时与他一起应聘的还有三四个学生，而且从学历来看，都比他高很多。

当他们一起去敲开董事长办公室的门时，福特细心地发现地上有一团废纸。他随手便弯腰捡起来扔进了垃圾桶，然后走到董事长的办公桌前非常礼貌地说："您好，我是来应聘的福特。"没想到，福特刚刚做完自我介绍，董事长就说："恭喜你，福特先生，你已经被录用了。"

福特听完后，十分惊讶地说："董事长，前面几位学历比我高，您怎么会选择录用我呢？"董事长微微一笑道："福特先生，前面三位的确学历比你高，而且仪表堂堂，但是他们的眼睛只看见大事，而看不见小事。我认为能看见小事的人，将来自然能看到大事。所以我才录用了你。"

福特就这样顺利地走进了汽车公司的大门，并且通过脚踏实地的努力打造出了之后的成功。

有些人很自负，在没有任何根据的时候，他们就认为自己比别人强，进而认为自己应该得到比别人更多的机会。但事实上他们并不比别人强。他们和别人得到的机会是均等的，在均等的机会里，当然是谁做到最好谁就离成功更近。

张良出身贵族，到他这一代时家道中落了。和很多纨绔子弟一样，张良本身一无所长，仅有一腔热血而已。如果就这样发展下去，张良很可能浑浑噩噩地过完一生，然而一件小事改变了他的人生轨迹。

有一次，张良到沂水桥边散步，忽然看到了一位老翁。老翁在张良面前“不小心”把鞋掉到桥下，然后转过身傲慢地对张良说道：“小子，下去把我的鞋给我捡上来！”

见到求人还这么颐指气使，张良一时觉得好笑，想看看老翁搞什么花样，于是便下桥把老翁的鞋子给捞了上来。可谁知，张良刚把鞋递给老翁，老翁“一失手”又将鞋子掉到了桥下，然后又傲慢地命令张良去给他捡鞋。

这次张良有些生气了，他想一走了之，然而看看对方年迈的样子又有些于心不忍，于是便又把鞋给老翁捡了回来，并且还跪在老翁面前帮他把鞋穿上了。看到张良如此举动，老翁非但不谢，反而大笑着扬长而去。

遇到如此怪事，张良一时呆在了原地。正在他发呆时，老翁又折返了回来，赞叹他道：“孺子可教也！”

后面的故事我们都知道了，这个老人就是黄石公，他传授给张良一身经天纬地的才能，使得他成了一个运筹帷幄、决胜千里的奇才。

黄石公青睐张良，是因为张良待人的态度让他觉得张良是一个正直善良的人，因而才肯将一身的本领传授给张良。可以说，正是张良拾履这一件小事撬动了张良的整个人生。

小事虽小，做与不做，怎么去做，又全凭个人。从对一件小事的态度上，我们能够看出一个人对待他人、对待事业、对待自己的人生态度，进而推断出此人是否能够成就大业。

我们可以这样看别人，别人当然也可以这样看我们。因此，请不要再忽略面前的小事。要知道当你做这件小事的时候，一双可能决定你人生走向的眼睛正在背后注视着你。而你对这件小事的态度，很可能直接决定着这双眼睛是继续关注你还是从此忽略你。

想做大事的志向是每个人都有的，但做好小事的态度却不是每个人都有。若能够做好眼前的小事，把自己负责任的态度表现出来，那么你相对于那些不爱做小事的人来说就有了竞争力。

有山必有路，有水必有渡

任何事物的发展都不是一条直线，聪明人能看到直中之曲和曲中之直，并不失时机地把握事物发展的规律，通过迂回应变，达到既定目标。

在人生的单行道上，不会一直畅通无阻。当我们的人生遇到瓶颈的时候，我们要懂得转弯，只凭一股向前的闯劲，只会让我们头破血流。

在生活中，我们难免会因为一些竞争而与对手针锋相对。矛盾也许不可避免，但是我们没有必要跟对手斗个你死我活。如果真的躲不过去，也不要跟对手硬拼，要懂得利用智慧和技巧，在方法上取胜。聪明的人懂得在危险中保护自己，而愚蠢的人喜欢依靠蛮力，即便耗掉自己全部的精力也要与对手拼个高下，弄得自己没有回旋的余地。

顺治元年（公元1644年），清王朝迁都北京以后，摄政王多尔衮便着手进行武力统一全国的战略部署。当时的军事形势是：农民军李自成部和张献忠部共有兵力40余万人；刚建立起来的南明弘光政权，汇集江淮以南各镇兵力，也不下50万人，并雄踞长江天险；而清军不过才20万人。

如果在辽阔的中原腹地同诸多对手作战，清军兵力明显不足。况且迁都之初，人心不稳，弄不好会造成顾此失彼的局面。

多尔衮审时度势，机智灵活地采取了以迂为直的策略，先用怀柔政策拉拢南明政权，集中力量打击农民军。南明当局果然放松了对清的警惕，不但不再抵抗清兵，反而派使臣携带大量金银财物到北京与清廷谈判，向清求和。这样一来，多尔衮在政治上、军事上都取得了主动地位。

顺治元年七月，多尔衮对农民军的打击取得了很大进展，后方亦趋稳固。此时，多尔衮认为最后消灭明朝的时机已经到来，于是发起了对南明的进攻。当清军在南方的高压政策和暴行受阻时，多尔衮又施以迂为直之术，派明朝降将、汉人大学士洪承畴招抚江南。

顺治五年，多尔衮以他的谋略和气魄，基本上完成了清朝在全国的统治。

绕圈的策略，十分讲究迂回的手段。特别是在与强劲的对手交锋时，迂回的手段高明与否，往往是能否在较短时间内由被动转为主动的关键。就像多尔衮一样，用迂回的手段，不跟对手硬拼，最后各个击破，完成了统一。

在获得成功的道路上，有无数的坎坷与障碍，需要我们去跨越、去征服。人们通常走的路有两条：一条路是找出对手的弱点，并给予对方致命的一击，用最直接的方法，快速解决问题；另一条路是懂得放弃，不跟对方硬拼，全面增强自身实力，在人格上、知识上、智慧上、实力上使自己加倍地成长，变得更加成熟、更加强大，在策略上战胜对方。

美国著名企业家李·艾柯卡在担任克莱斯勒汽车公司总裁时，为了争取到10亿美元的国家贷款以解公司之困，他在正面进攻的同时，采用了迂回包抄的方法。

一方面，他向政府提出了一个现实问题，即如果克莱斯勒公司破产，将有60万左右的人失业，第一年政府就要为这些人支出27亿美元的失业保险金和社会福利开销。政府到底是愿意支出这27亿美元，还是愿意借出这10亿美元极有可能收回的贷款呢？另一方面，对那些可能投反对票的国会议员，艾柯卡吩咐手下为每个议员开列一份清单，清单上列出该议员所在选区所有同克莱斯勒有经济往来的代销商、供应商的名字，并附有一份万一克莱斯勒公司倒闭，将在其选区造成的经济后果的分析报告，以此暗示议员们，若他们投反对票，因克莱斯勒公司倒闭而失业的选民将怨恨他们，由此将危及他们的议员地位。

这一招果然很灵，一些原来强烈反对给克莱斯勒公司提供贷款的议员闭了嘴。最后，国会通过了由政府支持克莱斯勒公司15亿美元的提案，比克莱斯勒公司原来要求的多了5亿美元。

有一则脑筋急转弯这么说：“一个人要进屋子，但那扇门怎么拉也拉不开，为什么？”回答是：因为那扇门是要推开的。

在一些暂时没有办法解决的事情面前，我们应该学着变通，不能死钻牛角尖，此路不通就换另一条路。有更好的机会就赶快抓住，不能一条路走到黑。生活不是一成不变的，有时候我们转过身，就会发现，原来我们身后也藏着机遇，只是当时我们赶路太急，忽略了那些美好的事物。

人生从来都不是一帆风顺的，我们总是会遇到各种各样的问题，如事业遇到瓶颈、爱情遇到危机、人生陷入低谷……此时一个念头的转变将会影响你的一生。这也是为什么有些人在遭遇背叛以后选择了两败俱伤，有些人则选择了重新开始的原因。不是后者比前者更具备什么精神，而是因为后者更懂得人生在有些时候是需要拐弯的，固执己见有时也会害了自己。

我们身处一个急剧变革的时代，我们身边的这个世界每时每刻都在变化中。在这个变化的世界里，我们只能在变化中求生存。如果我们不及时调整自己去适应变化，一定会被淘汰。

阿里巴巴创始人曾说："唯一不变的是我们的变化。我们在不断的变化中求生存，在不断的变化中求发展。如果发现公司没有变化，公司一定有压力。所以说我希望告诉每一个人，看看你自己成长，成长带来变化……如果你觉得昨天赢的东西你今天还要希望这样赢，很难了。一定要创新，变化中才能出创新，所以我们要在变化中求生存。"

"唯一不变的是变化"这句话在阿里巴巴从来不是一个口号，而是阿里巴巴员工必须面对的现实。在变化中生存和成长的广大员工，从不适应到适应，从不习惯到习惯，这一原则渐渐深入人心。

阿里巴巴是在变中求生存，在变中求发展的。把"变"视为网络产业常态，正视变化、不怕变化、顺应变化、主动变化，是阿里巴巴的应变术。在阿里巴巴内部，变化早已成为常态。创业以来，阿里巴巴内部变化之大、之频繁令外人吃惊。机构的变化、人员的变化、职务的变化、工作的变化，几乎月月都在发生。阿里巴巴的创业元老和老员工骨干几乎人人都经历过不止一次的变动。

变化是痛苦的，岗位的变动，使许多员工多年的积累丧失殆尽，不得不重新开始。销售大战时，许多地区销售主管努力打开的局面，建立的客户关系，都会随着一纸调令烟消云散。到了新地区，一切都得从头来。高管的变动，“封疆大吏”的变动同样频繁，但如此之大的人事变化，并没有在阿里巴巴引起震动。

是网络大势逼着阿里巴巴变，阿里巴巴人已经习惯了变化。不管是机构变化、人事变化还是模式变化，阿里巴巴人都已习惯和适应了，因此，阿里巴巴才能在这个风云变幻的互联网世界如鱼得水，游刃有余，才能在变中得势。

阿里巴巴在其发展历程中，遭遇过几次大危机。面对危机永不放弃，当机立断迅速化解危机，直至巧妙利用危机，是阿里巴巴应变之道的高明之处。拥抱变化、大胆试错、直面错误、利用危机，是阿里巴巴应变之道的概括。

从某种意义上说，正是阿里巴巴的应变之道，使阿里巴巴活了下来，并最终发展壮大。历史已经证明，面对一个瞬息万变的产业，不能应变者、不善应变者只有死路一条。无论在其他国家还是在中国，网站存活的概率只有 1%，阿里巴巴有幸成为这 1%，正是得益于高超的应变之术，而这恰恰最好地说明了变化的重要性。

对于这个道理，光明乳业股份有限公司前董事长兼总经理王佳芬也有自己独特的认识。

她谈到光明乳业的发展时说："其实我觉得，不管是国企还是一个外资企业，还是今天世界 500 强的任何一家公司，永远都会面临进步和往昔历史之间的纠缠。一个好的公司，它之所以会有 100 年的历史，关键就在于它能够不断地改变现状。我有一个很基本的想法，其实每个人，他都愿意跟着潮流走，他都想跟着历史发展的潮流走，不想成为历史的淘汰者。管理者需要去不断地创新，不断地让企业与时俱进。我们的变化与改革进行了四五年，我们管那段时间的改革叫'壮士断腕'，我们也说那种改革叫'凤凰涅槃'。"

由此可见，无论是阿里巴巴还是光明乳业，都是因为其敢于变化、勇于变化、积极变化，才适应了市场，适应了形势的发展和需要，走出了一条光明大道。

这再次说明，在这个日新月异的社会，一个创业者如果总是抱残守缺，就意味着失败。只有不断采用新方法、新技术，不断有新发明、新创造，不断地产生新成果，事业才能兴旺发达。

然而创新与变化却又是最艰难的，打破陈规不是一句话说说就可以的。人们最难做的决定就是改变自己。每一个新事物要得到人们的理解、肯定与支持，总是需要一个过程。最初，人们往往很容易被流言蜚语吓倒。在创新和改变的过程中，"敢为天下先"的勇气是最重要的，但也需要卓越的想象力、兢兢业业的精神、坚韧不拔的毅力和冷静的头脑。

要想创新，就要紧跟时代的步伐，时刻在变化中求发展、求生存，敢于创新，敢于改变自己，敢于尝试和突破。

饿出来的聪明，穷出来的智慧

如果说需要是“发明之母”，那么，压力则可以称为“潜能之母”。因为，压力有时会使人的潜能发挥到极致。

有两个人，各在一片荒漠上栽了一片胡杨树苗。树苗成活后，其中一个人每隔3天就挑起水桶到荒漠中来，一棵一棵地给那些树苗浇水。不管是烈日炎炎，还是飞沙走石，那个人都会雷打不动地挑来一桶一桶的水浇他的树苗。有时刚刚下过雨，他也会来，给他的那些树苗再浇一瓢。一位老人说，沙漠里的水漏得快，别看这么3天浇一次，树根其实没吸收到多少水，都从厚厚的沙层中漏掉了。

而另一个人相比之下就悠闲多了。树苗刚栽下去的时候，他来浇过几次水，等到那些树苗成活后，他就来得很少了。即使来了，也不过是到他栽的那片幼林中去看看，发现有被风吹倒的树苗就顺手扶一把。没事的时候，他就在那片树苗中背着手悠闲地走走，不浇一点儿水，也不培一把土。人们都说，这人栽下的树，肯定成不了林。

过了两年，两片胡杨树苗都长得有茶杯粗了。忽然有一夜，狂风从大漠深处卷着沙尘飞来，飞沙走石，电闪雷鸣，狂风撕卷着滂沱大雨肆虐了一夜。第二天风停的时候，人们到那两片树林里一看，不禁十分惊讶。原来，辛勤浇水的那个人的树几乎全被刮倒了，有许多树几乎被暴风连根拔起，林子里一片狼藉。

折掉的树枝，倒地的树干，被拔出的一蓬蓬黝黑的根须，惨不忍睹。而那个悠闲的不怎么给树浇水的人的林子，除了一些被风吹落的树叶和一些被折断的树枝外，几乎没有一棵树被风吹倒或吹歪。

大家都迷惑不解，纷纷向这个悠闲的人请教："老天有些太不公平了。那个人常给他的树施肥浇水，可他的那片树林，一夜之间就彻底被风暴给毁了。而你呢，把这些树苗栽好后，就对它们不理不睬了。昨夜那么大的风暴，竟没有吹倒你的一棵树，难道这有什么奥妙吗？"

这个人听了，微微一笑说："奥妙当然有了。他的树这么容易就被风暴给毁了，就是因为他的树浇水浇得太勤，施肥施得太勤了。"

人们更迷惑不解了，难道辛勤为树施肥浇水是个错误吗？

这个人解释说："树跟人是一样的，对它太殷勤了，让它一直处于顺境中，就培养了它的惰性。经常给它浇水施肥，它的根就不往泥土深处扎，只在地表浅处盘来盘去。根扎得那么浅，怎么能经得起风雨呢？把它们栽活后，就不再去理睬它，地表没有水和肥料供它们汲取，就逼得它们不得不拼命向下扎根，恨不得把自己的根穿过沙土层，一直扎进地底下的水源中去。有这么深的根，还用担心这些树轻易就被暴风刮倒吗？”

水不加压，上不了高山；人不加压，难以成长。因为，人人都有某种程度的惰性——懒散、拖延、得过且过。许多潜力与才能，常常被这些惰性毁掉了。

人生如逆水行舟，不进则退。所以，要给自己施加压力。如果没有压力，人们往往会放松对自己的约束或者习惯于迁就自己，对应该做的事情，总是迟迟下不了决心。

牧马人家的三匹小马渐渐长大了。一天，牧马人对小马们说：“你们想不想长成驰骋天下的宝马啊？”

“想！”三匹小马异口同声地回答。

牧马人微笑着说：“好，那你们现在想要什么？”

“我想要一副精美的鞍头。”一匹小马说。

“我想要一副漂亮合体的马鞍。”另一匹小马说。

“我想要一根皮鞭。”第三匹小马说。

“皮鞭？”牧马人和其他两匹小马都吃了一惊。

“因为我知道，不论是谁都有惰性，有了皮鞭的时时鞭策，我就会克服惰性，从而踏上纵横天下的征程。”第三匹小马回答。

最后，第三匹小马果真成了一匹真正的宝马。

现实生活中的众多实例表明：人越是在压力大、处境难、事务多的情况下，越能干出成绩，成就事业。究其原因，鞭策使然。

如果你是一个有上进心、有远大抱负的人，那么无论是工作的高标准，还是领导的严要求，或是形势的紧迫性，对你而言都是一种鞭策，而鞭策，既是压力，又是动力。正是因为有了这些鞭策，才不断推动你去学习和工作，去完成一个个看起来很难但经过努力终能完成的任务。在这个过程中，你便得到了锻炼，得到了升华，得到了超越，从而实现自己的人生价值。

人一旦无所事事，没有压力，没有鞭策，就会懈怠下来，就会不思进取，得过且过，最终将会一事无成。

当然，人不会时时都处于有压力、有动力的状态，所以要学会自我加压，自我鞭策。如果我们能时常鞭策自己，努力提高思想和业务素质，就能为自己赢得更加广阔的舞台。

自我施压，能强迫自己改掉不良习惯，同时也是自我调整和提升的过程。自我施压，等于给自己安上了“驱动器”。借助于这个驱动器，就能促使你冲破层层阻力，闯过道道难关，成就一番事业。

当下的觉醒加压是为了增强生命的耐力，人生需要懂得自我加压。过分的安逸会使人变得懈怠，变得“弱不禁风”，经不起生活的打击。只有不断地自我加压，勇敢地挑起生活的重担，人生的步履才会迈得更坚实、更稳健、更有力。

人们最出色的工作往往是在处于逆境的情况下做出。思想上的压力甚至肉体上的痛苦都可能成为精神上的兴奋剂。

心理学研究证明，人在某种巨大压力的驱使下，能使自己的体力和耐力达到正常情况下不能达到的程度。

在一次火灾中，有个年龄很大的妇女居然把一个很沉的大柜子从 5 楼搬到了楼下。大家都很惊讶，她居然有那么大的力气。

事后，让那个妇女再去搬那个柜子，她怎么搬都搬不动了。有 4 个强壮的青年费尽力气才勉强把柜子搬回原来的地方。可见，这位妇女在巨大的压力面前，居然突破了自己身体的极限。

医学研究已经证明，人的言谈举止、交际水平和心律、血压、消化器官运动以及脑电波都可以受到精神力量的控制和影响。比如有的人不幸患了不治之症，但一旦他心态积极、精神振作，决心与病魔斗争，想干什么就专心致志地干什么，最后可能就会创造出生命的奇迹。正因为这类事例各国都有并有据可查，科学家们正在预言：终有一天，我们会发现人体有能力使自身再生。这不是指医学手段的新发展可在人体内更换各种零件，而是指精神力量的巨大作用。

有这样一个故事：

一天，拿破仑骑着马正在穿越一片树林，忽然，他听到一阵呼救声。于是他扬鞭策马，来到湖边。看见一个士兵一边在湖里拼命挣扎，一边却向深水里漂去。岸边的几个士兵慌作一团，因为水性都不好，眼看着这位士兵有溺水的可能，却都不知道该怎么办。

拿破仑问旁边的那几个士兵："他会游泳吗？"

"只能扑腾几下！"

拿破仑立刻从侍卫手中拿过一支枪，朝落水的士兵大喊："赶紧给我游回来，不然我就毙了你！"说完，朝那人的前方开了两枪。

落水的士兵听出是拿破仑的声音，又听到拿破仑要枪毙他，便使出浑身的力气，猛地转身，扑通扑通地游了回来。

拿破仑对那位落水的士兵说“毙了你”，让他陷入绝境，迫使他不得不使出全部力量，自救成功。

只要我们相信能在面对压力时爆发自己的潜能，我们就会产生超凡的智慧和强大的精神动力。有句话说得好，顶级的进步常常来自顶级的压力。我们要想在激烈的职场竞争中取胜，在工作的方方面面做到精益求精，就必须学会与压力共存，化压力为前进的动力。

天无一月雨，人无一世穷

也许你正处于人生的低谷，尝尽艰辛，受尽磨难；也许你时运不济，命途多舛，但是，不要就此沉沦，只要你在正确的道路上坚持走下去，一定能在风雨之后见到彩虹。正如有句老人言：天无一月雨，人无一世穷。

天上下雨，一般不会超过一个月；人生贫穷，也总不可能是一辈子。相信总有翻身的一天，让这个信念支撑着我们，不断地去修炼自己，储备能量，等待着一个时机，一飞冲天。

一个没钱的人，我们问他为什么没钱，得到的答案往往是："因为我穷。"就是说我本身就穷，所以我穷。而富人，我们问他为什么富，得到的答案往往不是说我本身就富，而是我不该穷，我不能一辈子都穷。这就是穷人和富人的差别。当一个人有了致富的念头的时候，他就会开动大脑，寻找各种途径；也会激发潜能，提高各种能力。

在生活中我们也会发现，富人和穷人最大的差别就是观念和思维模式上的差异。穷人在遇到困难的时候，往往采取"收缩"

模式，这样始终也翻不了身。而富人却不一样，他们会采取“进攻”或“迂回进攻”模式，总之不会退缩，坚信天无一月雨，人无一世穷。

事实也确实是这样，当我们在遇到困难和挫折的时候想到这句老人言，我们的步伐便会有力起来，坚定信心跨过这个坎儿。信念激发潜能，办法总比困难多。当跨过这个坎儿的时候，我们收获的将不仅仅是财富，更重要的是心态和人生理念。

明朝时，有两个穷人家的孩子，一个叫张九，一个叫李烟，他们都衣衫褴褛，食不果腹。一天，来了一位好心的老翁，给了他们每人一包豆子。两个人感恩戴德，欢喜万分，都把豆子储藏了起来。

冬天来了，食物更难找了，出门也很不方便。张九便忍不住把豆子拿出来炒了吃。吃着香喷喷的豆子，他心里感到无比惬意，不时咂咂嘴。

李烟也饥寒交迫，他也很想把豆子拿出来炒了吃。看着那包饱满的豆子，它们炒熟后吃起来是多么香甜啊！但他忍住了。这是他唯一的希望，他想用这包豆子做种子，等来年开春在自己的田里种上，以获得好收成，获得更多的豆子，改变这贫穷的命运。他发誓，不要让自己再穷下去。

隆冬来了，野菜绝迹了。李烟的日子更加不好过，每天只能吃点儿粗糠充饥。很多次他都想把那包豆子拿出来炒了吃，但一想到自己的愿望，他一次又一次地忍住了。他把那包豆子拿出来闻了又闻，然后耐心等待着春天的到来。

漫长的冬天终于过去了，春天来了，万物复苏。李烟把那包豆子种了下去，长出芽苗后，他精心呵护。那年收成很好，到了秋天，李烟获得了几大包豆子。

又是一年春天，他开垦田地，种了更多的豆子，获得了更好的收成。

就这样，李烟的田地连年扩大，最后雇人来为他种豆子。张九也来为他种豆子，成为了他的长工，可以每年冬天获得一包豆子，但吃完那包豆子后他就得继续忍饥挨饿。而此时的李烟，已经成为了粮食满仓、牛羊成群的富翁。

这就是信念的作用，李烟因为相信人无一世穷，决心改变处境，才爆发出了惊人的忍耐力。我们可以想象，人在饥饿的时候，一包豆子的诱惑力有多大！但李烟在饥寒交迫中整整熬了一个寒冷的冬天，唯有坚定不移的信念才可以让人做到。李烟最后成为富人，而张九一直是穷人，其实他们的起点都是一包豆子。

有上不去的天，没过不去的关

没有什么事是做不到的，只要我们想过，就没有过不去的关，有句老人言说得好：有上不去的天，没过不去的关。

很多时候我们身陷绝境，以为自己要完蛋了，那是因为我们还没有发挥潜能。只要想办法，办法总比困难多。“山重水复疑无路，柳暗花明又一村”，这个世界上的事情都是由人干的，只要发挥潜能，永不放弃，就没有干不成的事情。我们之所以觉得一座山太高，那是因为我们的腿还不够有力；我们之所以觉得一条大河太宽，是因为我们的游泳技术还不够好；一个关口之所以是关口，那是因为我们认为它是关口，只要我们不认为它是关口，它就只是一条窄缝儿。“五岭逶迤腾细浪，乌蒙磅礴走泥丸”说的就是这个道理。关口，是我们“挑战自己”的大门。

相信很多人都有过类似的体验，有些时候，面对困境，我们手足无措，以为办法已经想尽了，这次再也没有办法了。但只要你去想，只要你去做，还是能把那个关过去。当过去的时候，你会发现，一切都可以做到。生活中我们觉得有些事情太难，有些关口太高，是因为我们自己的天性解放得还不够彻底，我们把自己的潜力开发得还不够好。人类的惰性足够大，而我们又太自私，所以我们觉得生活太难。只要我们能够抛弃虚荣，吃苦耐劳，坚持下去，我们就会发现，胜利永远属于已经竭尽全力还愿意咬牙坚持一下的人。

曾经，人类以为自己是上不去天的，但现在这一切已经实现了。事在人为，自信是成功的法宝。曾经，我们以为长江是天堑，但三峡大坝已经将长江拦截住；曾经，我们以为人不吃不喝只可以活 72 小时，但汶川大地震中 150 多个小时的生命奇迹，让我们明白，人类，有时候是可以胜天的。面对生活，我们要不卑不亢；面对困难，我们要忠于自己；面对自己，我们要忠于未来——有上不去的天，没有过不去的关！

秦朝末年，各地起义不断，反抗秦朝的暴虐统治。

有一年，秦国的 30 万人马包围了赵国的巨鹿，赵王连夜向楚怀王求救。楚怀王派宋义为上将军，项羽为次将，带领 20 万人马去救赵国。谁知宋义胆小如鼠，惧怕强大的秦军，行到中途便不再前进，并且不顾军中闹饥荒的惨状，自顾自地举行宴会，大吃大喝。气极的项羽手刃了宋义，自己当了“假上将军”，领兵去救赵国。

项羽先派出一支部队，切断了秦军运粮的道路，他亲自率领主力过漳河，解救巨鹿。

楚军全部渡过漳河以后，项羽犒劳了士兵们一顿饭，然后让每人各带 3 天的干粮，传达命令：把渡河的船凿破沉入河里，把做饭用的锅砸个粉碎，把附近的房屋放把火统统烧毁，这就叫破釜沉舟。项羽说，只有这样才能让兄弟们奋勇杀敌，现在全军有进无退，只有冲锋陷阵、拼死杀敌才有活路，否则他和大家一样，只有死路一条。

将士们见主帅决心这么大，都大受鼓舞，个个精神抖擞，志在必得。在项羽的指挥下，他们以一当十，以十当百，舍生忘死地同秦军拼杀。人人挥舞刀枪，喊声震天，经过连续九次冲锋，把秦军打得落花流水，一败涂地。这一仗不但解了巨鹿之围，而且把秦军主力消灭了，不到两年，秦朝就灭亡了。

打这次后，项羽一战成名，当上了真正的上将军，统率和指挥的人马数以万计。项羽“力拔山兮气盖世”的气场，几千年来深深震撼着人们，也成就了“破釜沉舟”的佳话，成为了励志经典。

“没有过不去的关”是一种勇者风范，是一种成事者的气概。生活中很多时候都是“狭路相逢勇者胜”，你不具备“没有过不去的关”的信念，就势必会流露出胆怯，你的胆怯就是对手的自信。“没有过不去的关”应该成为我们的信念，这代表着一种自信，生活中时时处处需要自信。有了这份自信，我们才能更好。

不挑担子不知重，不走长路不知远

说和做是完全不同的，不亲身经历，很多事情你永远不知道到底是怎么回事，正如有句老人言说得好：不挑担子不知重，不走长路不知远。

很多事情，只有做过才知道，没有调查就没有发言权。人总是这样，往往高估自己，往往会有“眼高手低”的“劣根性”，而且与生俱来，而我们终生要做的一件事情就是将这种“劣根性”去掉。这就需要我们记住一句话：“不挑担子不知重，不走长路不知远。”事情只有落实到最实质的时候才会显现出它的分量，我们也只有在脚踏实地做事情的过程中才能触摸到生活的本质。“纸上得来终觉浅，绝知此事要躬行”，陆游说得好。“是骡子是马，拉出来遛遛”，老百姓也说得好。

赵括纸上谈兵的故事家喻户晓，业余和专业是有区别的，事情只有在落实到最实质的时候才会还原它本来的面目。澳门赌王何鸿燊的二女儿喜欢唱歌，说要以唱歌为业，何鸿燊建议她说：“你喜欢唱歌没问题，但你要搞清楚，喜欢唱歌和以唱歌为生是不一样的。”可谓一语道破天机。

事情在具体落实的过程中就会显示出它的残酷性，而这往往是我们很多人的软肋。我们或多或少都会把自己高估一些，都会把事情理想化一些，都会把自己的想法想当然一些，而这也就是“不挑担子不知重，不走长路不知远”的来源。

刘真是一位历史老师，他向学生们讲过一个关于他爷爷“挑担”的故事。抗日战争时期，刘真的老家正好是中日两军对阵的前线，日寇对国统区实行经济封锁，禁运食盐、布匹、药品等战略物资，国统区的食盐价格一度涨到一担谷一斤。刘真的爷爷当时年轻，经常偷越封锁线，靠着一副肩膀，将日占区的紧俏物资挑到国统区贩卖，来回 100 余里，一趟下来，虽说辛苦又危险，但获利颇为可观。许多乡亲看红了眼，跟他一起干，但没有几个能坚持下来的。

刘真的爷爷有两个亲侄子，都是20岁上下的年纪，身强力壮，颇有力气，也想吃爷爷这碗饭。爷爷同意了。到了交易市场，侄子们也想像爷爷一样，挑 150 斤，但爷爷不准，让他们各挑 120 斤。上路后，两个侄子自恃年轻力壮，健步如飞，还嫌爷爷走得太慢。爷爷不言语，仍不紧不慢地走着，每 10 里一歇。走到半路，侄子们气力耗尽，模样就狼狈了，走三步，歇一歇，若非心疼钱财，真想将担子扔掉，空手回家算了。爷爷只好捎着他们走，先将自己的担子挑几里路，然后返回来，帮侄子接担子。来来回回，折腾到半夜，叔侄三人才回到家。后来，两个侄子自知差得太远，就不干了。

这就是一个典型的“不挑担子不知重，不走长路不知远”的例子。侄子们年轻气盛，没有充分估计到挑担子的艰苦性，结果很狼狈。

一般来说，年轻人把自己放大一点，年少轻狂，是可以理解的，至少也代表一种自信，有利于潜能的发挥。但过于把自己放大，最终就要吃不了兜着走了。对于我们大多数人来说，把自己心目中的能力打个折后，再打个折，就是我们实际的能力。

因风吹火，用力不多

老人言：因风吹火，用力不多。

“因风吹火”，顺势而为，是办事的妙法。《孙子兵法》说：“故善战人之势，如转圆石于千仞之山者，势也！”当一个圆圆的石球从高山上滚下来时，谁能挡住它呢？做任何事，只凭本身的实力去做，好比挑石上山，比较辛苦；一旦形成了高山滚石的胜势，即可取得重大突破。前者是办事的常法，后者是办事的胜招。经营胜势离不开常法，如果在常法中不能经营出胜势，就没有大获全胜的机会。

做任何事情，归根结底，靠的是力量；成功的方法，一定符合力学原理。物体的运动，取决于动力和阻力。办事是否成功，要看动力是否大于阻力。经营胜势，运用的是“重力加速度”的原理，一旦形成“加速度”，可使动力成倍增长，有可能轻易突破原先无法突破的阻力。那么，怎样经营胜势呢？一般有三招：

第一招：顺势。

做任何事，刚开始行动时，凭“本力”前行，往往缓慢艰难；

只要做下去，自然会形成一股“势能”，例如追求更好的欲望、逐渐积累的知识技能、相关的人脉资源、不期而至的机会等。此时，只要善于整合各种资源，顺势而为，就可能取得突破。

例如，志高空调创始人李兴浩原先只是海南里水镇一个卖冰棍的小贩，他进入空调行业可以说具有传奇色彩，却又顺理成章。他的成功经验是：顺着自己的生意链找商机。

李兴浩走街串巷卖冰棍时，可以接触到不少信息，他发现很多工厂需要碎布擦机器。于是，他用卖冰棍赚来的钱收购碎布加工，50斤碎布赚了75元，在当时顶得上一个城市家庭的月收入。这样，他又开拓出了一个新财源。

后来，李兴浩开了一家酒楼，生意很好，但酒楼的空调总是坏，一个月的维修费要1000多元，于是他干脆请了个维修师傅。可空调一个月才坏几次，维修师傅几乎成了个闲人。为了不浪费人才，李兴浩又开了一家维修店，赚来的钱远比给师傅的工钱多。他意识到这是一个盈利前景很好的行当，于是大举进入，注册了兴隆制冷设备维修中心。几年后，他的公司成了当地最大的维修中心，在全国也是首屈一指。

由于他有实力、有人才，有空调行业的从业经验，吸引了一位台商主动合作，建造空调生产企业，这就是志高空调的前身。

卖冰棍和制造空调，风马牛不相及，李兴浩并没有绞尽脑汁地去找机会，一路行来，自然而然地走进了这个行业。他的成功，无非是“顺势”而已！

第二招：借势。

假如自身势能不足，从外面巧妙借势，也可以使动能大大增强。好比行船，顺水又遇上顺风，只需扬起帆来，就可以轻松前进。里根竞选总统，就是一个成功借势的案例。

当时，里根的竞争对手是前任总统卡特。卡特当政期间，正赶上经济危机，导致通货膨胀加剧、失业人数猛增等一系列问题，引起了民众的不满。里根借着这股势头，将所有问题都归结为卡特的失误，集中火力攻击卡特的经济政策，并耸人听闻地宣称他要消除“卡特大萧条”。

结果，里根借着“萧条风”将卡特打得落花流水，成功当选为总统。

外面的世界，随时可能起这样那样的“风”，它们可能变成动力也可能成为阻力，而借势的要点是看明“风向”，主动调整自己的方向，变逆风为顺风。

第三招：造势。当自身势能不足，外界又无势可借时，为了经营胜势，只能靠造势了。“因风吹火”，没有风、没有火时，“煽风点火”，效果也是一样的。

美国“药业大王”查理斯·威格林最初创业时，在小镇上经营一家小药房。为了提高知名度，他想出了一个“狡猾”的办法。

一天，镇上的一位老太太打电话订购一些药品，查理斯故意天南海北地和老太太闲聊，同时吩咐一位店员去老太太家送货。

老太太说得正起劲儿，听到门铃声，开门一看，原来药已经送到了。她大吃一惊："天哪！电话还没有打完，我要的东西就到了，真让人无法相信！"

老太太到处讲这件"奇事"，于是，大家都知道了查理斯药店信誉卓著，效率极高。

从此例中，我们可以看到，查理斯的"煽风点火"并无恶意，顶多算开了个有目的的玩笑。这正是造势要坚持的原则：不要心存歹意，不要采用不道德的手段。在技术层面，"点火"一定要找"干柴"，查理斯以一个老太太为突破口，算是找对了人。今天的电视广告，花大价钱造势，受众一般是妇女、儿童、老人，他们比较感性，属于"干柴"系列。男人宁可看新闻也不看广告，"柴"太湿，难以点燃。

无论是顺势、借势还是造势，总之要经营胜势。胜势一成，成功便挡不住。

后插一日秧，晚收十天谷

“后插一日秧，晚收十天谷”，是一个生活现象——错过了最佳的播种时机，收获时间将会大大推迟。

办任何事都有适宜的时机，起步稍迟，错过了最佳时机，会给后面的事增加很多困难，还会影响办事效果。适时而动，才有可能喜获丰收。

做事的时机，未必像天时一样有定数，也不像天时一样早就为人们所掌握，它可能代表某个新生事物的降临，或者包含着某些不确定因素，一时不易为人们所看清。当时机初现时，很多人能看见，但多数人迟迟不动，只是盯着机会垂涎欲滴，有的人觉得准备不足，有的人想再看清一点再动手。先行一步的人，有可能首先碰壁，也有可能率先抓住机会；后起步的人，只能跟在前人后面追赶，要想超越就需要付出更大的努力，也许一辈子都没有赶超的机会。

比尔·盖茨在哈佛大学读书时，有个好朋友名叫科莱特。当时软件是个新生事物，玩的人很多，但还没有形成行业。读二年级时，盖茨和科莱特商议，一起退学去开发32Bit财务软件，因为新的教科书中已解决了进位制路径转换的问题。

科莱特听了，感到非常惊诧，因为他是来这里求学的，不是来闹着玩的；再说对Bit系统，默尔斯博士才教了一点皮毛，要开发Bit财务软件，不学完大学全部课程是不可能的。于是，他委婉地拒绝了盖茨的邀请。

10年后，科莱特成为哈佛大学计算机Bit方面的博士研究生，而盖茨首次进入美国《福布斯》杂志亿万富豪排行榜。1992年，科莱特结束博士后生涯，而盖茨的个人财富已经达到65亿美元，成为美国第二大富豪。1995年，科莱特认为自己具备了足够的学识，可以研究和开发32Bit财务软件了，而盖茨已经开发出了Eip财务软件，速度比Bit快1500倍，并且在两周内占领了全球市场。就在这一年，他成了世界首富，从此长期占据这一宝座。

多数人像科莱特一样，喜欢按部就班地前进，追求看得见的目标。可惜看得见的目标早就被人捷足先登了，几乎没有"捡漏"的可能。

所谓善抓时机，一般要在看得见却看不清楚时就下手。很显然，看不清楚即意味着风险，所以，机会总是属于有冒险精神、敢打敢拼的人。比尔·盖茨就是这样的人。

有一天，他的好友保罗·艾伦在《大众电子学》的封面上看到一则广告：世界上第一部微型电脑，堪与商用型机相匹敌。

艾伦马上意识到：微型电脑一旦出现，可能像电视机一样普及每个家庭，对软件的需求将无穷无尽。到那时，他们这些编程天才的前途将妙不可言。

艾伦马上跑到哈佛大学，找到比尔·盖茨，将这个消息告诉他，并说：谁能第一个为世界上第一台微型电脑提供软件，谁就将占得先机。盖茨心有灵犀一点通，立即给这台电脑的生产者——微型仪器公司的老板罗伯茨打电话，表示愿意提供软件。没想到，“莫道君行早，更有早行人”，罗伯茨告诉他：至少有50个人对他说过类似的话，而他只想看结果，谁最先向他提供成熟的软件，他就跟谁做生意。

于是，盖茨和艾伦明白，他们必须跟那50个人赛跑，只有夺得冠军，才能赢得机会。于是，他们立即展开了快速行动，一连8个星期，两人在哈佛大学的电脑房里埋头苦干，夜以继日地编写程序，每天只睡一两个小时。体力不支的时候，他们就躺在工作台上打个盹，一醒过来，又接着干。

经过几周的连续奋战，他们的程序终于编制成功，并顺利地跟罗伯茨签订了合作协议。以此为契机，他俩合作成立了一家公司，这就是今日称霸软件世界的微软公司。

在当时，他们的竞争对手很多，假设他们不能争得第一，那么所有的辛苦都将付诸东流。在这种情况下，一般人必然心生疑虑，有的人干脆放弃了，有的人只是尝试一下，碰碰运气，但碰运气的人绝对比不过全力以赴的人。因此，他们真正的对手实际上并没有想象的那么多，也许只是几个而已，也许一个都没有，除了他们自己。

面临机会时，我们一定要清楚这一点：无论多少人参与竞争，假设我们全力以赴，真正的竞争对手只是极少数，其他人根本不是对手。即使上万人参加的城市长跑比赛，也是如此。所以，千万别被竞争对手吓倒，这样，我们才有勇气向目标出发。

先一步出发，可能因路径不熟而误入陷阱，也可能因竞争者稀少而大切“蛋糕”！晚几步出发，风险很小，却要跟千百个对手“红海”厮杀。二者各有利弊，但是，只有先一步出发，才有可能大获全胜。

下棋千着，全看最后一着

老人言：下棋千着，全看最后一着。

围棋界有一个说法：谁都会出错着，就看谁错在后面。所以，无论优势多大，都别掉以轻心，下完最后一着，才能赢棋。

做事也是如此，大江大河都闯过去了，可能在阴沟里翻船；千里路都走完了，可能在家门口翻车。只有“慎终如始”，才不会猝然致败。

老子说：“慎终如始，则无败事。”一件事从头到尾都保持谨慎不出错，哪有失败这回事呢？可惜，道理不错，做到却很难，到了一定时候，难免会变得不谨慎，很有可能下“错着”，出意外。

什么时候最容易变得不谨慎呢？一是艺高人胆大的时候，二是得意忘形的时候。

一个人艺不高时，胆就小，太危险的地方不去，遇到难题，“战战兢兢，如临深渊，如履薄冰”，小心谨慎地处理，反倒不会出事故；艺高了，胆大了，敢走钢丝，敢骑烈马，出事故的可能性就增大了。就像开车，出事故的多半是老手；新手上路，胆战心惊，反倒不易出事故。

一个人取得成功后，很容易得意忘形——忘了以前的制胜因素，将小心谨慎、认真负责等基本要求丢掉了；忘了自己是谁，以为自己很特别，没有可以打死自己的子弹，没有可以挡住自己的难题。这样，失败可能就接踵而至了。在秦末战争和楚汉战争中，都发生过好几起先大胜后惨败的战例：

周文率义军西征，连战连胜，短时间内聚兵数十万，一举杀进关中，逼近了秦都咸阳，眼看胜利在望，被章邯一个反击杀得落花流水；还没缓过劲来，又连遭突击，最后绝望自杀，大军溃散。

章邯发起临济战役，一举击溃魏、楚、齐三国联军，迫降魏国，将窜逃的齐军围困于东阿，本以为胜券在握，谁知被项梁长途奔袭，结果大败而逃；又遭项梁追击，一败再败。

项梁率楚军主力跟章邯交手，接连三次大胜，便得意起来，以为章邯不过如此，疏于防范。不料遭章邯雨夜突袭，项梁战死，大军溃散。

章邯大败楚军，“以为楚地兵不足忧”，率军攻打赵国，大获全胜，将赵王歇围困于巨鹿，谁知被项羽打了一个突袭，导致巨鹿秦军全军覆没。

刘邦率诸侯联军讨伐项羽，一举攻占彭城，端掉了项羽的老巢，便得意起来，每天大宴宾客，饮酒作乐，谁知被项羽趁夜偷袭，联军伤亡惨重，刘邦险些成为俘虏。

项羽打败刘邦后，以为刘邦不过如此，企图趁热打铁，一举灭掉刘邦，率师长驱直入，谁知在荥阳被刘邦打了一个歼灭战，导致精锐骑兵军团覆灭。

历史上的这些惨痛教训，应该让我们提高警惕，牢牢记住这句老人言："下棋千着，全看最后一着。"